黄河流域水利碑刻集成

山西卷 七

本卷执行主编　吴小倫
本卷主编　郝平
执行总主编　骆玉安
总主编　赵超　行龙
主编　赵超　行龙

上海交通大学出版社
SHANGHAI JIAO TONG UNIVERSITY PRESS

清（五）

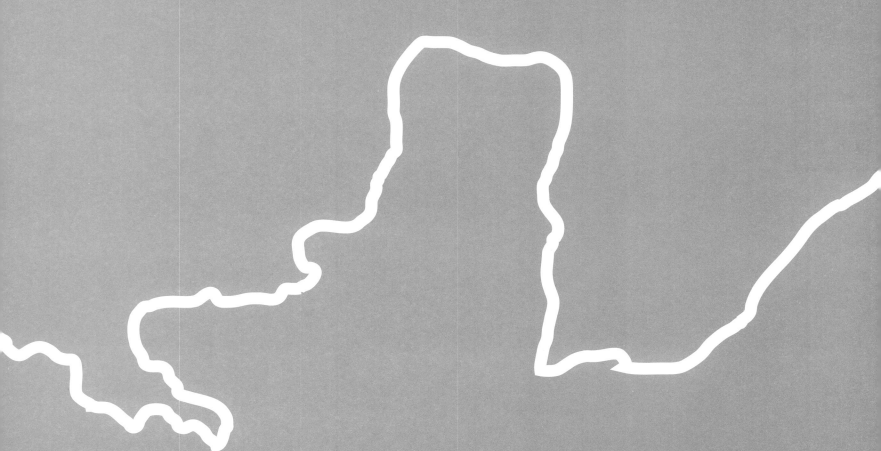

859. 重修玄天三元宫觀音殿河神龍王五道廟新建戲樓碑記

立石年代：清同治十一年（1872年）

原石尺寸：高160厘米，寬63厘米

石存地點：大同市廣靈縣梁莊鎮牛口峪村

〔碑額〕：永垂不朽

同治壬申秋，九秋既晚，百穀告成，余游來渾源州城東牛口峪村，正值勒碑之時，父老命□作文以□之。□□見寡聞，焉敢妄作？父老固命，不得已而應之。余思夫此村舊有玄天、三元宫、觀音殿、河神、□□、五道諸廟，不知創自何時。第世遠年湮，風雨所飄搖，墻垣每多倒塌。欲改舊爲新，以補其缺壞。奈村□力微，功難□□。因思古有關帝者力扶漢鼎，心固桃園，講習《春秋》，研鍊弓矢，忠義可爲法，文武可爲□，□後世所當祀者。至於馬王司六畜興旺，財神職貨財盛衰，亦人所當敬而不敢忽者也。於是四鄉募化，鳩工庀材。乃建廟堂三間，以□降福；又作戲樓一座，以備壯觀。迄今工程告竣，新建者既已焕然可□，而舊有者豈不燦然可觀哉！今將□□□人勒碑書名，以誌不忘云。

廣靈縣增廣生王元凱撰文書丹。

（以下碑文漫漶不清，略而不録）

大清同治十一年歲次壬申九月穀□立。

860. 重修聖泉寺老龍神廟碑記

立石年代：清同治十一年（1872 年）

原石年代：高 150 厘米，寬 70 厘米

石存地點：朔州市平魯區白堂鄉黨家溝村南聖泉寺

〔碑額〕：萬善同歸

重修□□寺老龍神廟碑記

聞之□方有□□，□脉□興龍。郡西北□有聖泉寺，□□□麟德二年，安排布置盡善□美，洵朔方之定位，闔郡□□□也。□建以□，富庶□□，科第□□，地理之□以轉移風化者，豈淺鮮哉。□□傾頹者，非經一□補葺者□，閱幾番萬，不肯□□□□□廢聖功。不意去年七八月間，淫雨連綿不歇，佛殿禅□半多損□。諸君子□擊神傷，公議捐□□□，奈工程闊大，費用浩繁，欲完盛舉，獨立難成。幸有善士高□興、張守先皆踴躍鼓舞□□争先，又□□□二人邊□楼、張炡誓願徹底經理，鳩工庇材，章程粗定矣。更喜得住持續因善緣，寬而善根，亦厚遍□周圍村庄募化布施四百餘金。前后数月，整修完密，此人力之顯達，實神功之默佑也。工竣之餘，原□養贍□□□□成熟地名四至、捐資村庄，開列於後，衆糾首刊碑注名。索序於予。予謝以才學疏庸，弗□厥□，□□□不獲，爰惽拙管構俚語，以誌不朽云。

朔平府學歲貢生杜華薰沐撰□，庠生□之蘭薰沐敬書。

計開捐資村庄，理宜各村開其姓名，但□□多寡不一，难以如□□□□名□□□姓名序後。

上磨石溝、太溪村、下磨石溝……白坡、□□村、□□坡、東它梁、小堡子、□堂子、□□□、上團堡、党家溝、□□□、庄頭□、邢家河、全武营……白家窑、曹家庄、□□□、賀家河、上黑水溝、□家溝、□家窑、馬□溝、□□庄、孫家嘴、峙峪村、施家庄、下窑子、宗家庄、石崖灣……馬云堡……

經理：張守先、□□□、高太興、張炡、邊鳳楼、李□□、落鳳□、□□□、王日……

□□：戒訥僧廣樂率徒續肇、續因，徒孫本□募化。

□匠：□含光、李迎財、李迎青。

時大清同治十一年歲次壬申仲冬上……

黄河流域水利碑刻集成·山西卷　七

1860

淊水池記

建立買近碑記

易曰咸始必始成終可大斯能可火慎斯述也又聞天下有無山之水之處也況
物方處皆然也人為萬物之靈而當用之何況非水火而不生活荼明有上庄村離村四里有
東見坡水池陳姓地墊武妾安人移居在此就池吃水安戴歷年有餘意生而不肥接代之地將池畝東山
而作景有借代之中將池典作典將池典畝東山以後又有借代之地將池畝
價值大戴武拾壹千杀百文池粮大社完出以碑為憑永傳後也以垂不朽

武邑陽鎮
者鄉培

嘉慶二十三年陳氏豪將池與爭案山
黨趙王于良
高尔倉芋將池與爭案山
吳萬財科
編成

立漢池文約人陳記明白因方無錢
道温路走舊規情恩出于東山言
至趙姓園至明白水漢北至壩並
立碑將池賣年東山其池出銀並
使用將池賣年東山其池出銀並
明價加二十二千七百文恐久失
信立約為証內有碑六千文上代元粮大戴上庄大社完約
李滄瀾
卜登高
見波天坎坡小坎坡後接揄根埠
吳振麟
郭大川
荊不
陳有寬
陳記法
陳記法

大清同治拾壹年
拾武月十五日穀旦

首刻依文
社典閏印
錢闡二銀娄

社主
陳大昇
石匠
可銀

861. 建立買池碑記

立石年代：清同治十一年（1872 年）
原石尺寸：高 170 厘米，寬 60 厘米
石存地點：晉中市左權縣芹泉鎮東山村

〔碑額〕：泗水池記
建立買池碑記

新改泗水。《易》曰："成始必殆，成終可大，斯能可久。"慎斯述也。又聞天下有無山之□，必無無水之處也。況水之生物，方處皆然也。人爲萬物之靈，而當用之，何况非水火而不生活乎？州東有上庄村，離村四里有□東見坡水池，陳姓地基，武安人移居在此，就池吃水，安載百年有餘，戀土而不能移□。□玉泰見□而作，累有借代，借代之中將借作典，將池典與東山。以後又有借代，借代之中將池賣□東山。二□價值大錢貳拾壹千柒百文，池粮大社完出。以碑爲憑，永傳後世，以垂不朽。

武邑陽邑鎮耆賓郭培元，字利涉，號大川撰文書丹。

嘉慶二十三年陳玉泰將池典於東山，慨東山庄名八處開于後。

鄉飲王于良、趙振、高存倉等將池□下，有約爲憑。

經理：介賓趙科、吳萬財。

湊錢社首：□德成、趙銀、閆印、劉振文等。

今有死契文約刻在碑上存照，立賣池文約人陳玘明因爲無錢使用，將池賣于東山。其池□□官道并至□，西南至水渠，北至□并至趙姓。四至明白，土木石相連，水舊道路走舊規，情願出于東山，言明價錢二十一千七百文。恐久失信，立約爲證，內有碑。錢貳千文上代元粮貳升，上庄大社完納。

中人：李滄瀛。

香首：卜登高。

主社：吳振麟。

合同爲證。

主社：陳有寬、郭大川。

□長：陳玘法。

見坡、大坟□、小坟峧、羅圈、瓦窑、荊不籃、榆樹溝、後峪，同此照。

石匠：□□銀。

大清同治拾壹年拾貳月十五日穀旦閤社同立。

862. 重修河神廟碑碣

立石年代：清同治十二年（1873年）

原石尺寸：高45厘米，寬77厘米

石存地點：臨汾市汾西縣團柏鄉棗坪村河神廟

　　從來創建者費用甚重，重修者省費亦微。□村舊有河神廟、聖王廟一座，歷年久遠，殿宇异於前，神像俱減色，又渠高廟底，目睹不堪。苟無人焉以振新之，將何□妥神靈而壯光瞻哉。於是值年渠長、公直□□夫同心協力，以筆盛事。勞心者晝夜，勞力者朝夕，一但工程告竣，勒墻碑以誌永垂不朽云爾。

　　張興錦撰并書。

　　渠長……

　　公直：王學□、張□□、王□□。

　　共渠夫姓名開列於後。（以下渠夫姓名，略而不錄）

　　大清同治歲次癸酉桐月合社吉日同立。

清（五）

863. 重建龍王廟碑誌

立石年代：清同治十二年（1873 年）
原石尺寸：高 160 厘米，寬 63 厘米
石存地點：長治市黎城縣黎侯鎮洪峻河村龍王廟

重建龍王庙碑誌

從來建立庙宇，□□报神功，一以培地□，□所係非淺鮮也。如黎邑東南二十里名曰洪峻河，舊有涉縣人民趁□□農，於□馬駒口之北畔，創建龍王庙一座，歷年久遠，風雨摧殘，而榱桷墙基，棟梁瓦片，一旦□□，誠不足以壯觀瞻而妥神□□。同治壬申秋七月十二日，正值白龍尊神祭期，閤社人等咸集，睹廟貌之頹□，□□□之勃發，因念神灵默佑而民享其福，是神之不負乎民也。□□其福而神庙頹毀，□□□□其神也。同相議而同相嘆，皆言前人所建是庙，地勢斜而□，庙貌小而卑。今既頹毀，□□□□重修，不若移基重建之爲美也。雖然地脉可否所關甚重，而移□重建不可□□。因而邀請□□□察細閱，言斯地之形勢雖暗而雨水相護，群山環繞，重移之□□□□□向少□。基址高起三□，更塑神像二尊，地脉頗覺有興盛之勢焉。於□各捐資財，鳩□□□，同心協力，經之营之。越□月而告厥成功。殿宇則輝煌矣，神容則發彩矣。樂其事則得宜，□□民悦，刻石流芳，嘱文□□。余則才愚學淺，不能深叙，即此淺言俗語，聊記其事以垂後世□。

業儒張璘撰并書。

管賬：張璘。

（以下碑文漫漶不清，略而不録）

大清同治□□年歲次癸酉又六月十五日立。

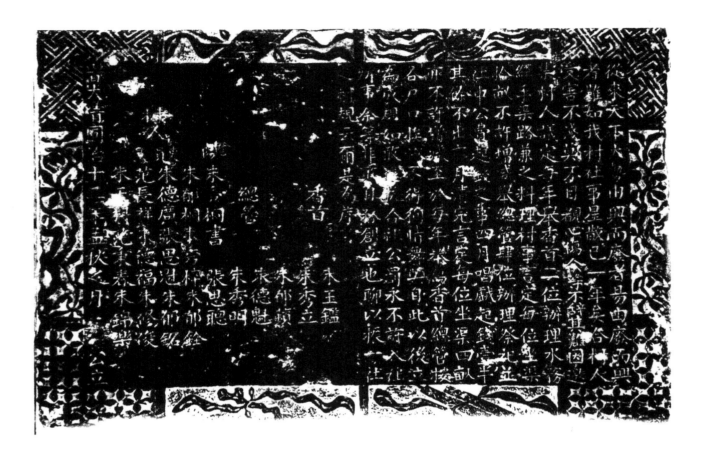

864. 許村社事管理碣

立石年代：清同治十二年（1873 年）

原石尺寸：高 68 厘米，寬 48 厘米

石存地點：臨汾市霍州市退沙街道許村世王廟

從來天下大勢，由興而廢者易，由廢而興者難。如我村社事，星散已一年矣，合村人受害不淺，莫不目睹心傷。余等不辞其難，因邀集村人，議定每年舉香首二位，辦理水務、經手渠路，兼之料理村事。言定每位坐渠拾畝，不許增減。舉總管肆位，辦理祭祀并社中公費起錢之事。四月唱戲起錢壹半，其餘不出六月清完。言定每位坐渠四畝，亦不許增減。至於每年舉薦香首、總管，按各戶口挨派，不得徇情舞弊。自此以後立爲成規，如敢违抗，合社公罚，永不許入社辦事。余等非敢自矜創立也，聊以振一社之村規云爾。是爲序。

香首：朱玉鑒、朱秀立。

總管：朱郁蘋、朱德魁、朱秀明。

□□：朱桐書、張思聰。

□人：朱郁桐、吏員朱德廣、范長祥、朱□□、朱秀梓、張思魁、朱德福、范秉春、朱郁銓、朱郁銘、朱修俊、朱錦樂。

時大清同治十二年孟秋之月公立。

鼓水全圖

865. 鼓水全圖碑

立石年代：清同治十二年（1873 年）
原石尺寸：高 179 厘米，寬 75 厘米
石存地點：運城市新絳縣三泉鎮白村

鼓水全圖

獲圖記

此圖於同治十二年十月間，咱村與席村等三村爭樹相訟，席大中等於沈憲初堂訊後遞呈，呈出上注数十庄村名，乃爲公共之物。白村村名在北激水口之北，席村村名在南涮之北，兩交界分明。州主沈大老爺電閲此圖，堂訊結案，斷語：自龍門水口至下，以渠爲界，東爲白村地畝，西爲席村之地，所爭之樹在於渠東，本不與三村相干，飭白村周倬等將樹伐去。南銀生等不照實供，一并分別笞責鎖押，聽候究辦。下短伐樹器具，限五日交齊。如違，帶比卷案河圖，俱存刑北科。日後查卷，免其紊亂。因刻此圖於石，附記於碑之底節。是爲記。

萬民戴德

督工

866. 重修柳堤碑記

立石年代：清同治十三年（1874年）

原石尺寸：高175厘米，寬75厘米

石存地點：晋中市靈石縣靈石公園碑廊

〔碑額〕：萬民戴德

重修柳堤碑記

竊維禦灾捍患，宜先事以持籌；修堤築防，亦當權之善政。靈邑北郭不數武有柳堤焉，所以禦水患、衛城垣者也。因歷年久遠，泥沙淤漫，柳堤漸已卑矮。值辛未夏，淮雨連綿，城關幾成澤國。邑侯雅齋謝公□念民依，捐廉倡修。爰稽昔年□積僅存五百餘金，復增募銀壹千五百肆拾五兩，制錢肆百貳拾千文，卜吉興修，歷歲功成。東西接長柒拾餘丈，增高數尺，除一切工料花費外，藉其餘資，重修鼓樓、東城門三便橋，俱各煥然一新。仍存五百金，發當商公行生息，以備歲修之資。是舉也，禦狂瀾於將來，俾靈城之永固。防水偉功，歷千載以常新，分金高義，垂貞珉而不朽。

儒學生員曹寶□撰文并書。

陞用同知知靈石縣事覃恩加一級謝均捐銀壹百兩。

靈石縣教諭吳錫疇，靈石縣訓導白星煒，靈石縣典史張慎餘。

督工：……張文魁、從九趙頡餘、□用□導張鳳詔……張士琦……陳秉恬、庠生吳元第、生□曹寶□。

大清同治十三年清和月穀旦立。

龍子祠重修碑記

康澤王之神澤被臨襄有功德於民建祠以祀之　府尊為主春祈秋報雨　縣尊分司其事古制也而其祠巍峨宏敞代有修理之工載在

碑誌昭昭可攷顧工程當其時而必舉亦待其人而後行有一時之人以舉一時之工斯[illegible]舊如新祠宇不至於荒廢今　龍子祠[illegible]上[illegible]

重修十有七年而祠內外已皆有傾圮穿漏之處不足以蔽風雨何能以妥　神靈而安渠衆相約三月初六日十六河渠長督工齊集本祠

獻庭公議修理有夥修有分修逐處同驗北自水母殿南至清音亭分為四節開單擬價召匠人投鬮包做諏吉於初十日開工一時並舉限

於四月十四日會前完工各匠答應同力合作屆期果如所約是役也工本不大適逢　縣試　府試大典未及請　訓僅擬章程數條經

理各工水母殿西山牆徹底砌以磚灰立脊獸並修捲棚　龍神正殿前坡翻瓦七間東廊翻瓦七間修東西挑角西南二檐挑角獻庭東南

挑角並修脊齊檐大門二門補脊齊檐重修八字照壁西建牌樓一座清音亭修廈立脊齊檐重修東西花牆及西邊房南北四間復重修

龍神殿前左右魚池東西兩洞掏開西天口七眼東天口三眼洞口一並修好夥修之工已訖北八河修南廂門樓翻瓦東廊三十八間大修

牌樓一座窑前魚池一所馬棚三間洞廁一間築大門東邊圍牆復掙補　雷公殿前檐北窑前檐暨窑前小門樓傘兒亭南八河修西廊八

間重修　財神殿三間西南廂房七間牌樓一座公館一所補廈齊檐築大門西邊圍牆分修之工亦訖既勤垣墉惟其塗墍茨既勤樸斲惟

其塗丹雘巍然煥然一律重新統計兩縣夥修分修一切花銷共費錢一千二百貫有零無非按水分均攤踴躍趨事諸凡撙節務以工之堅

簡不同而人心則同費之多寡不一而成功則一我十六河渠長督工秉公無私和衷共濟不辭煩勞不務奢侈固　神聖冥冥中佑啓之

靈而亦兩縣人急公好義之所為也蒙　龍神河潤之福施澤於民者無涯而因以報德於　神者最切工既竣同事諸公敘開節略屬記於

愚末敢以謭陋不文辭爰據其重修顛末編次為記敬告後之有事於斯祠者

欽賜六品壬戌　制科孝廉方正改就教職　恩貢生張兆熊撰文

例授文林郎吏部揀選知縣己未　恩科舉人辛未大挑二等即補儒學正堂柴甲榮書丹

旹大清同治十三年歲次甲戌五月穀旦立

867. 龍子祠重修碑記

立石年代：清同治十三年（1874 年）
原石尺寸：高 225 厘米，寬 84 厘米
石存地點：臨汾市堯都區金殿鎮龍祠村龍子祠

龍子祠重修碑記

康澤王之神澤被臨襄，有功德於民，建祠以祀之。府尊爲主，春祈秋報，兩縣尊分司其事，古制也。而其祠巍峨宏敞，代有修理之工，載在碑誌，昭昭可考。顧工程當其時而必舉，亦待其人而後行。有一時之人，以舉一時之工，斯整舊如新，祠宇不至於荒廢。今龍子祠距上次重修十有七年，而祠內外已皆有傾圮穿漏之處，不足以蔽風雨，何能以妥神靈而安渠衆？相約三月初六日，十六河渠長、督工齊集本祠獻庭，公議修理。有夥修，有分修，逐處同驗。北自水母殿，南至清音亭，分爲四節，開單擬價，召匠人投鬮包做。諏吉於初十日開工，一時并起，限於四月十四日會前完工。各匠答應，同力合作，届期果如所約。是役也，工本不大，適逢縣試、府試大典，未及請訓，僅擬章程數條，經理各工。水母殿西山墻徹底砌以磚灰，立脊獸，并修捲棚。龍神正殿前坡翻瓦七間，東廊翻瓦七間，修東西挑角，西南二檐挑角，獻庭東南挑角，并修脊齊檐。大門、二門補脊齊檐，重修八字照壁，西建碑樓一座。清音亭修廈立脊齊檐，重修東西花墻，及西竈房南北四間。復重修龍神殿前左右魚池，東西兩洞掏開西天口七眼，東天口三眼，洞口一并修好。夥修之工已訖。北八河修南厢門樓，翻瓦東廊二十八間，大修牌樓一座，窑前魚池一所，馬棚三間，溷厠一間，築大門東邊圍墻，復插補雷公殿前檐，北窑前檐，暨窑前小門樓、傘兒亭。南八河修西廊八間，重修財神殿三間，西南厢房七間，牌樓一座，公館一所，補廈齊檐，築大門西邊圍墻。分修之工亦訖。既勤垣墉，惟其塗墍茨；既勤樸斫，惟其塗丹艧。巍然焕然，一律重新。統計兩縣夥修、分修一切花銷，共費錢一千二百貫有零，無非按水分均攤，踴躍趨事。諸凡撙節，竊以工之繁簡不同，而人心則同；費之多寡不一，而成功則一。我十六河渠長、督工，秉公無私，和衷共濟，不辭煩勞，不務奢侈，固神聖冥冥中佑啓之靈，而亦兩縣人急公好義之所爲也。蒙龍神河潤之福施澤於民者無涯，而因以報德於神者最切。工既竣，同事諸公叙開節略，屬記於愚。未敢以謭陋不文辭，爰據其重修巓末，編次爲記，敬告後之有事於斯祠者。

欽賜六品壬戌制科孝廉方正改就教職恩貢生張兆熊撰文，例授文林郎吏部揀選知縣己未恩科舉人辛未大挑二等即補儒學正堂柴甲榮書丹。

時大清同治十三年歲次甲戌五月穀旦立。

868. 師家宷村重修三聖廟碑記

立石年代：清同治十三年（1874 年）

原石尺寸：高 169.5 厘米，寬 69 厘米

石存地點：臨汾市霍州市師莊鄉師家窪村三聖廟

〔碑額〕：萬善同歸

　　蓋聞神者，陽之靈，體物而不可遺者也。自古建修廟宇，上以綿百代之風規，下以庇萬民之福澤者也。我等師家宷村古有三聖廟一座，內塑龍王、聖王、馬王，殿係磚窰三孔，窰上樓殿內塑西天古佛、白衣大士尊神，俱各靈應异常，村人被福無量矣。迄今歷年久遠，聖像因之暗淡。村人目睹心傷，無力整葺，因糾合村人多年公積錢文，共集算錢陸佰仟有餘，并觀音菩薩神前屢年所收布施，即起功整修。東西配立磚窰各四孔，并戲樓改修時樣，兩邊又建立磚窰各二孔，諸神妝飾如新。村人各家興工，又在四鄉募化布施，共花費錢壹仟貳佰仟有零。兹因功成告竣，將布施人位刊刻於石，以誌不朽云爾。是爲序。

　　例授文林郎吏部候選按察司經歷貢生張逢年撰文，儒學優生張瀛海書丹，張鑒鼎鐵筆。

　　欽加運同銜霍州直隸正堂楊，特授霍州右堂葉，汾西縣正堂李。

　　四門族長：師金俊、師金科、師建鴻、師耀霖。

　　主事總理督工：師忠明、師忠範、師忠言、師傳道、師傳忠、師金□、師忠盈、師忠□。

　　十一年香首：師道尊、師傳達。

　　十二年香首：師道立、師傳孟。

　　募化：師金秀、師忠敬、師忠信、師建元、師忠有、師忠行、師道尊、師傳芝。

　　十三年總管：師忠富、師忠文、師忠□、師傳義、師傳根、師秀毓。

　　香首：師傳學、師傳智。

　　□□曹萬隆、□□侯福貴、□□步斗、□□谢元泰、□□師傳林、□□底玉□、□□廣、□□貴。

　　大清同治十三年六月二十五日合社公立。

洪洞王軒篆

秋風一辭感慨悲壯千古絕調刻石
建亭於汾陰雁上之汾陰祠後淪於
汾復建樓而儲之誠三晉名碑中之
一也余昔曾讀其辭每值蘭秀菊芳
追念景仰不已時以未得親觀為憾
丁卯秋移宰汾陰下車後即登斯雁
樓已蕩然無存訪諸父老咸為余指
當年遺址所在方知
洪濤正浪中即汾因不勝滄桑之感而時復
又漫於黃因不勝滄桑之感而時復
值秋風蕭颯鴻雁北來更令我撫今
懷古事與願違越六載癸酉遷興汾
陰祠於善地仍建秋風樓刻辭於石
而跋其後以續數千年之鴻軌云爾
詰授朝議大夫升用知府知榮河縣事上
元戴儒珍謹跋

大清同治十三年歲次甲戌八月朔日立

夏縣耿蔭樾書丹

869. 漢武帝秋風辭

立石年代：清同治十三年（1874 年）

原石尺寸：高 90 厘米，寬 198 厘米

石存地點：運城市萬榮縣榮河鎮廟前村后土祠

漢武帝秋風辭

秋風起兮白雲飛，草木黃落兮雁南歸。

蘭有秀兮菊有芳，懷佳人兮不能忘。

泛樓船兮濟汾河，橫中流兮揚素波。

簫鼓鳴兮發耀歌，歡樂極兮哀情多。

少壯幾時兮奈老何。

洪洞王軒篆。

秋風一辭，感慨悲壯，千古絕調，刻石建亭於汾陰脽上之汾陰祠，後淪於汾，復建樓而儲之，誠三晉名碑中之一也。余昔曾讀其辭，每值蘭秀菊芳，追念景仰不已，時以未得親睹爲憾。丁卯秋，移宰汾陰，下車後，即登斯脽樓，已蕩然無存。訪諸父老，咸爲余指洪濤巨浪中，即當年遺址所在，方知又漫於黃，因不勝滄桑之感。而時復值秋風蕭颯，鴻雁北來，更令我撫今懷古，事與願違。越六載癸酉，遷興汾陰祠於善地，仍建秋風樓，刻辭於石而跋其後，以續數千年之鴻軌云爾。

誥授朝議大夫升用知府知榮河縣事上元戴儒珍謹跋，夏縣耿蔭樾書丹。

大清同治十三年歲次甲戌八月朔日立。

萬古流芳

大清同治拾叁年九月吉日

穀旦

經理人

870. 龍神廟關帝廟白衣殿鹿鳴山崇福寺三官廟財神廟城神廟重修碑記

立石年代：清同治十三年（1874 年）

原石尺寸：高 126 厘米，寬 66 厘米

石存地點：大同市渾源縣王莊堡鎮王莊堡村崇福寺

〔碑額〕：萬古流芳

龍神廟關帝廟白衣殿鹿鳴山崇福寺三官廟財神廟城神廟。

盖聞育生民者本乎天，而代天祐民者從乎神，所以建立廟宇謹塑金身，惟……安位方爲有妥神靈，而民之求應祈福有其所，祭祀報德得其地矣。詳思其……大矣哉。

王庄堡舊有諸神廟宇，歷有□□，不無傾圮。於是同治六年衆紳士鋪行，將各廟盡……七月間，大雨□□□，晝夜不止，各處廟宇無不滴漏，墻垣多有倒壞，堡外……地基水墜頹壞，過殿、十王殿、靈官廟塌倒，木料損壞，闔堡人等觸目心驚……冬不能勳之。於十一年，紳士、鋪行、住持僧人募化捐資，本堡善人無不樂從……。修理一年，錢力不足。本年又逢大雨，墻垣又多損壞。十二年，公議復向闔……勸捐資，衆皆樂輸。揭宄廟宇，補塑神像，固壘墻垣，鹿鳴山新築地基，新盖過……神棚、戲台盡皆彩畫，而廟貌巍峨，焕然改新，以壯其觀。屢年河水大發，將馬……十餘丈照舊補齊。恐有不虞，北門外新築護城壩一條，修理二年工成告竣。兩次捐資總合一筆，以上碑記因勒片石，以爲之誌。

本堡業儒陳際泰薰沐撰暨子謙謹書。

欽加六品銜升用主簿王家莊堡分司安遇豐施銀三兩。

經理人：耆賓陳保玉、大興當、大賓李文魁、德成當、登仕郎王玉山、德盛當……

大清同治拾叁年九月吉日穀旦。

清（五）

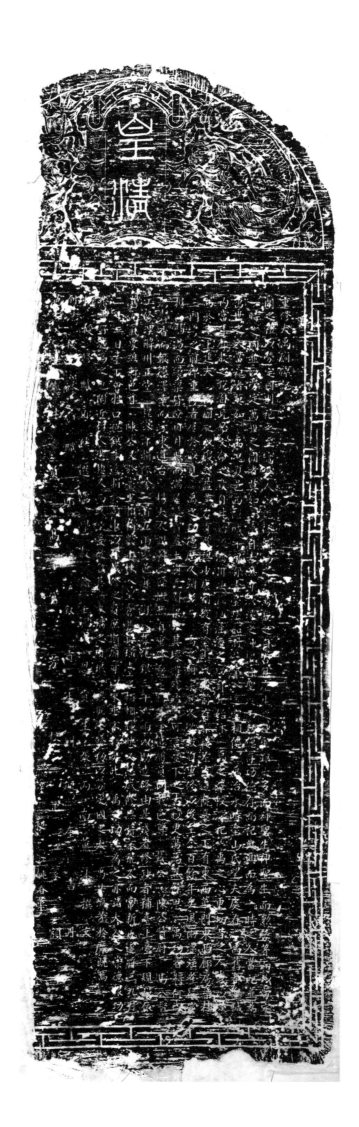

871-1. 重修大禹廟碑記（碑陽）

立石年代：清同治年間
原石尺寸：高160厘米，寬62厘米
石存地點：運城市夏縣禹王鎮禹王村

〔碑額〕：皇清

重修大禹廟碑記

　　聞之《禮》，以勞定國則祀之。至實具人，以能修鯀功，之□禹當之。自古無虛生之神聖，艱太多而神聖生，神聖生而勛勞著，而以勞定一時之國，并以勞定萬事之國者莫如禹；自古無可泯沒之神聖，神聖沒而功德存，功德存而祀典興，而爲一時之人當祀，并爲萬世之人當祀者莫如禹。況夏邑西距城十五里有青臺，整如削□，簪入遥空。相傳禹治水時，塗山氏望夫處在禹舊都皇城内，當年聲教之訖自此始，文命之敷自此始，疏淪川決掘地注海之功自此始。沐禹之澤較深，祀禹之心更切，昔之人或以是而於臺上建大禹廟，配以稷、契、益、皋。右有啓与少康祠，後有塗山氏殿，前有樂樓，左有道院。臺之下有東西華門，東西廊房。樂樓三門没之，前碑重修者屢，於以見禹之功德歷久彌彰，而禹之廟宇歷久必敝。自重修以後至今百餘年矣，风雨飄摇，雀鼠穿損，□鳥過而繞梁皆隙，明月照而満屋疑霜。蓋土崩瓦解，梁木其壞，摧殘□不可言，臺下之古迹更荡焉无餘，思禹功者將何以薦馨香而報德澤？幸而河東道臺楊大人謁廟之餘，慨然有重修意，遂捐俸金遣属員同我邑尊戴公、陳公、贊府馬公督工修理，解州正堂程公亦捐俸金一百五兩，安邑縣陶公募化銀三十六兩，以助造修。由是殘者修，缺者補，臺上臺下規模依舊而气象維新。邑尊陳公又於臺上植柏數十株，入望蒼然與瑶臺之柏相神映。又恐歲修無資，不能久而常新也，遂將三九月二十三日臺下會牲口稅銀永遠捐於廟中，以作歲修之費，庶斯廟可以永垂不朽矣。此禹之功德爲之，亦諸大人之崇德報功樂善好施爲之也。附近村人恐其久而或湮，爰欲叙其巔末，鐫之貞珉，以與能修鯀功以勞定國之大禹共流芳於靡既焉。

　　敕授修職郎候選儒學教諭壬戌恩貢生張丙南薰沐撰文，列授修職郎議叙貢生劉毓奎書丹，邑庠生員高□芳校正篆額。

　　……薛昶、姚春華。

871-2. 重修大禹廟碑記（碑陰）

立石年代：清同治年間
原石尺寸：高 160 厘米，寬 62 厘米
石存地點：運城市夏縣禹王鎮禹王村

〔碑額〕：永垂不朽

特用府解州直隸州正堂程捐銀貳拾兩。

運同銜河東鹽決鹽掣府曹捐銀貳拾兩，署理河東鹽法監掣府夏捐銀拾兩，鹽提舉銜河東都運東場正堂強捐銀陸兩，鹽提舉銜河東都運西場正堂潘捐銀肆兩，鹽提舉銜陞用知縣河東鹽決經廳黃捐銀肆兩，河東鹽運庫廳楊捐銀肆兩，鹽提舉銜解州糧捕水利分州盛捐銀貳兩，解州運夥張玉成捐銀壹拾兩，芮城縣運夥李復泰捐銀陸兩，解州通泰當捐銀伍兩，解州充益當捐銀伍兩，解州永隆當捐銀伍兩。

欽加同知銜調補解州安邑縣正堂陶捐銀壹拾陸兩，解州安邑縣學正堂茹捐銀肆兩，解州安邑縣學右堂岑捐銀肆兩，調署安邑縣城守司閻捐銀肆兩，安邑郭文煃捐銀肆兩，安邑葛宗鄒捐銀肆兩。

欽加同知銜軍功藍翎夏縣正堂陳，將三、九月二十二日臺下會牲口稅銀，永遠捐於廟中，以作歲修之資。

生祠，每社各捐銀伍兩；臺下兩廊房，每社各捐銀叁拾兩。

諭帖底照：騾馬每一個，爺門書役三分，每分錢貳拾文；驢牛每一個，爺門書役三分，每分錢壹拾五文；每一張票印紅錢三文，正稅錢每壹千文，爺門書役三分，共分錢壹百文。實交錢九百文。

首社：禹王城。

東社：下留村、候村、蘇村、董村、臺村。

西社：司馬村、東滸村、師馮村、中秦村、西秦村。

北社：郭里、前後趙村、東秦里、西秦里、白張村、馬村、陰莊村、下張村。

屢次斷案碑記 同治十二年十二月二十八日

州主沈大老爺堂諭查席村李村蒲城三村古有龍門水口以下舊有水波放水渠一道今席村張振統等與白村同履豫呈等所爭

州主沈大老爺覆訊堂諭查席村李村蒲城三村古有龍門水口以下舊有水波放水渠一道今席村張振統等與白村同履豫呈等所爭

地樹在于渠東丈餘以外查閱周履豫呈出地畝鱗用註明西至水渠南風時呈出碑記鱗用惟註堰坡地畝並無四至所剏暗

埋界石未同別村係屬私立均不足為憑斷令自龍門水口至下以渠為界渠東為白村地畝渠西係席村之地樹株不必剏伐

免有爭端各具遵結存案南雁翔聚眾吊毆書可惡已極南風時不准回村侯南雁翔到案再行訊究此判十三年四月

人將房書抹吊又率領村人在本城 閱帝廟散聚眾將原差李高升抹毆幸被本州差局人等聞見喝散嗣經本州訊斷南

銀生脫逃令南銀生膽敢當堂不認其罪混推案外之人南風時等黨忱散不照實供混吊毆已故之席大中為

首均屬可惡已極著即一併分別答責鎖押聽候究辦王從先柏生元等均念當堂以年老恩求暫從寬免斷令王從先柏生元投具認罪

泉在本城抹毆原差伊等不能禁阻其罪有三本應一律究徑姑念當堂以年老恩求暫從寬免斷令王從先柏生元投具認罪

並所爭之樹本不與席村蒲城三村相干甘結所爭樹株現被水冲飭白村周倩等將樹伐去至稱南風時等將下短伐樹

器具限五日交齋如遵帶此諭

遇勤此碑再逃前案 同治五年十一月二十四日龍門水口放水渠內有一無名男子被水淖死白村鄉地周良與席村鄉遵

南壬午商議兩村報案揚南壬午口稱伊村鱗用註明地界皆至渠以上丈至澈水口止有尺千可考渠內之屍與伊村無干杭

不報案以致白村甲保張時傑等商議著鄉地周良具稟祈驗蒙委 趙捕蕭勤驗傳席村甲保張春和等地南壬午等到案屍

墳堂諭查此渠之水兩村同用富亦應兩村同受張春和等現有匿報之罪本應法究姑念當堂認罪再三懇免驗明無名男子

失足跌跌渠被水淖死並無別故聽有屍棺爾地領埋免其暴露具結存案

昔 大清光緒元年歲次乙亥正月吉日立石

872. 屢次斷案碑記

立石年代：清光緒元年（1875 年）
原石尺寸：高 179 厘米，寬 75 厘米
石存地點：運城市新絳縣三泉鎮白村

〔碑額〕：州主沈公諱□斷案

屢次斷案碑記

同治十二年十二月二十八日，州主沈大老爺堂諭：查席村、李村、蒲城三村，古有龍門水口，以下舊有水波放水渠一道，今席村張振統等與白村周履豫等所爭地樹，在于渠東丈餘以外。查閱周履豫呈出地畝鱗册，注明西至水渠。南風時呈出碑記、鱗册，惟注堰坡地畝，并無四至，所創暗埋界石，未同別村，係屬私立，均不足爲憑。斷令自龍門水口，至下以渠爲界，渠東爲白村地畝，梁西係席村之地，樹株不必刊伐。免有爭端，各具遵結存案。南雁翔聚衆吊毆書差，實屬可惡已極，南風時不准回村，俟南雁翔到案，再行訊究。此判。

十三年四月，州主沈大老爺覆訊，堂諭：查此案前因，兩造所爭樹株控，經本州派令書差會同查驗繪圖，南銀生等輒因書差先到白村，糾約多人，將房書抹吊，又率領村人在本城關帝廟散錢聚衆，將原差李高升抹毆，幸被本州厘局人等聞見喝散。嗣經本州訊斷，南銀生脫逃。今南銀生胆敢當堂不認其罪，混推案外之人。南風時有無幫同男銀生行凶，胆敢不照實供，混推已故之席大中爲首，均屬可惡已極。着即一并分別笞責鎖押，聽候究辦。王從先、柏生元幫同控案，本屬非是。南銀生糾衆抹吊房書，以及散錢聚衆，在本城抹毆原差伊等，不能禁阻，其罪有三，本應一律究懲，姑念當堂以年老，恩求暫從寬免。斷令王從先、柏生元投具認罪，并所爭之樹本不與席村、李村、蒲城三村相干。甘結。所爭樹株，現被水冲飭，白村周倖等將樹伐去，至稱南風時等將下短伐樹器具，限五日交齊。如違，帶比此諭。

遇勒此碑，再述前案。同治五年十一月二十四日，龍門水口放水渠內有一無名男子，被水溣死。白村鄉地周良與席村鄉地南壬午商議，兩村報案。據南壬午口稱，伊村鱗册注明地界，皆至渠以上丈至激水口止，有尺干可考，渠內之屍與伊村無干，抗不報案，以致白村甲保張時傑等商議，着鄉地周良具稟祈驗。蒙委趙捕廉勘驗，傳席村甲保張春和鄉地南壬午等到案，屍場堂諭：查此渠之水，兩村同用，害亦應兩村同受。張春和等現有匿報之罪，本應法究，姑念當堂認罪，再三懇免。驗明無名男子失足跌渠，被水溣死，并無別故。所有屍棺，爾兩村鄉地領埋，免其暴露。具結存案。

時大清光緒元年歲次乙亥正月吉日立石。

千秋不朽

大清光绪元年

岁次乙亥仲秋穀旦

經理人

募化人

873. 重修碑記

立石年代：清光緒元年（1875年）

原石尺寸：高162厘米，寬68厘米

石存地點：朔州市平魯區雙碾鄉烏龍洞祠

〔碑額〕：千秋不朽

重修碑記

伏以創業基於先哲，無以承之則業寖微垂統裕乎後昆，無以啟之則統難繼此承先啓後。凡事目爲盛舉，矧靈□式憑之境，詎堪坐視其頹廢。即如烏龍□之龍宮，址基肇自前朝，補葺屢經往世，□□石銘休，指不勝屈，舉凡神膏靈應，地勢清幽，前已殫陳，無容多贅。憶自道光十□年重修，迄今歲逾四紀，時閱三帝，風雨漂搖，摧殘復甚，殿□之式廓依然，色相之輝□□減。□彼桷宗，□穿已甚，觀其垣□，□□幾危。以及諸□□十餘座，棟折榱□□□之土崩瓦解者。凡我同人，□徇勝□，倘再□□□，恐始基之愈摧，願共任仔□，□□材而鳩庀，或仍因□□貫，或復舉其傾頹，□期美輪美奐。承先哲之巨□，□構□堂，啓後昆之□述，將見神靈在宥。霶□□旱□恒除，膏澤普施，豐稔□安瀾永慶。夫豈特鼟飛鳥□，松茂□苞，足爲一時壯觀哉？今日者事已備，修功皆告竣，非敢刻石紀功，但□勒銘垂監，姑陳俚語，聊叙勝因，以誌不朽云□。

朔州廩膳生員□逢庚謹撰，偏邑廣庠生員□林謹書。

特授平魯縣正堂□□捐銀伍兩，乃河堡城守司廳捐銀伍兩。（以下碑文漫漶不清，略而不錄）

經理人：□□春、林鳳、楊漸、程步星、石宗□、何連、李世滿、天源□、王仲、□瑞□、楊□家、□成、石宗菘、郭廷彥、楊□、李□、楊世昌。

募化人：楊活、劉璧、趙□章、□生郝萬鍾、□生白步雲、□生孫林、張玉綬、黑宗□生趙啟元、趙萬金、安□忠、王禹、張繼發。

□工：張文斌。木工：張得正、張天位。石工：張丕德。泥工：劉政、□連。畫工：李穎達。

住持：李三旺。

大清光緒元年歲次乙亥仲秋穀旦立。

874. 次重修五龍廟碑記

立石年代：清光緒元年（1875年）

原石尺寸：高160厘米，寬70厘米

石存地點：太原市古交市河口鎮崖頭村五龍廟

〔碑額〕：千古不朽

次重修五龍廟碑記

蓋聞有功德於民者則祀之。神之有廟，民之所以報功德也。我村舊有五龍廟一所，以栖神靈。自荒古重修，迄今七十餘載，風雨飄淋，鳥鼠穿鑿，殿宇幾□□折，實不堪望。是以我村糾首、耆老復起意重修。於癸酉春動工，於歲終告竣。是非有神助，何以若是之速哉！共計費金五十餘萬文。奈村微力薄，不能獨支，幸有四方好善來助，以共成美事。今於事成之日，妥將眾善皆銘於石，以垂不朽云。

庠生楊躋堂熏沐撰并書。

（功德主、糾首、布施人員名單漫漶不清，略而不錄）

大清光緒元年歲次乙亥丑月吉日立。

875. 祈雨條規并序

立石年代：清光緒二年（1876 年）

原石尺寸：高 47 厘米，寬 77 厘米

石存地點：臨汾市襄汾縣新城鎮趙店村

鳴鐘祈雨，所以驚衆，如果事不得已，須秉虔誠與社公議。所謂修省可以免灾，和氣可以致祥也。今人心不古，竟有家無寸土，或滋擾以逞刁，或恃酒以發狂，不惟足以致人厭，□實足以干天怒也。矧聰明正直之神，又何能聽之乎？故謹立祈雨條規，以示嚴肅。是爲序。

一、鳴鐘人無地畝者不准，三社缺人者不准。

一、鳴鐘不論幾人，與香首挨次跪香，地鋪草袋，跪要端正。

一、排執事人等，香首揀各人能辦者公排，不許衆人任意擺調。

一、社内祈過一次，再有鳴□，令其虔誠自禱，社内不管。如能成功，社内獻□□雨，賞酒飯一桌，每人紅一匹。

一、在廟不管在外執□，有□許家中更替。

執事人數目：取水三人，□香四□，沿廟焚香四人，□對、貼對二人，作早表一人，□棍二人，□旱取水點名一人，内巡風二人，總催一人，外巡風三社各一人，抬駕八人，抬香□二人，賃旗傘佃錢一人，担水三人，□路焚□二人，伐柳二人，把門二人，鑼鼓旗傘共□□人，伴駕二人，借鑼一人。

守廟買辦，餘人鋪户執香，誤事不到，罰大鍬一把，跪香一□。

二年閏五月十六日合社同立。

古聖王之制祭祀也尻能禦大菑捍大患有功德於民者類皆祀之否則不在祀典抑不祀又何為訓封號請區額而追崇之以著其靈應若龍子祠康澤王肇於晉懷帝永嘉三年劉元海借據平陽時詳見府縣志事頗怪異不經而平水泉出平山下可資以灌溉臨襄雨邑之田其利澤及民也甚溥改世記神龍為此水之主稱平水神遇旱致禱輒應享宋熙甯八年守臣奏請封澤民侯廟額曰敏濟甯五年干封靈濟公宣和元年加康澤王廟有唐天佑二年宋實元三年政和四年感應碑今皆湮沒無存追元季江陵黄公宰臨汾大修龍子祠鄉貢進士毛公鹿有康熙甯廟碑記明嘉靖初上官河壅塞四紀太守開州王公有張長公行水記汾乃呂公柟亦有修平水泉官河記而修廟碑志秉則缺洇我上官由太原縣調署臨汾時恩太守主修而宸翰褒揚以彰崇報等情由國朝重修者

厭矣倶有碑記撫藩府縣亦各獻有區額榱足以彰神德壯祠觀矣而有吕公柟亦有修平水泉官河記判官吕公鹿有萬壽宮以肅朝業修遷花迎以便民汲枋修

上諭鮑源深太神靈顯憲曰嘗沛甘霖實深宣感著南書房翰林恭書區額一摺同治六年冬閱拾匪軍逼山西臨汾縣城仰賴關帝神靈照佑得保無虞十一年夏秋元旱望甚殷復賴關帝廟並城西平水府憲轉經潘憲其詳請秦蒙光緒元年七月閏月閏侯據紳士等稟懇以廟祀正神實能禦捍患有功德於民例得懇情關帝神靈照佑得保無虞十一年夏秋元旱望甚殷復賴關帝廟並城西平水奏蒙光緒元年十一月二十九日據情具募繁壹剿修建祖舊制有增比干夏秋元旱連禱於關帝廟巡撫部院鮑憲於光緒元年十一月初九日內閣奉關帝神靈照佑鎮臺恢時修葺恩太守主修

恩授文林郎己未　恩科舉人吏部揀選知縣辛未大挑二等即補儒學正堂柴甲榮

勅授承德郎六品職銜孝廉方正貤贈就教職　　恩貢生張兆熊　編次

御書區額二方　紳士渠長庶民等敬樂迎拜既殷並獻牲醴以酬靈貺是蓋神之功德而感應尤神之靈爽所武懇縴

御筆設有龍旗一龍兩邑十六河人莘矚目譬心酉宰國計民生者如嶼其重且大也凜凜然常若育之龍章鳳詔之心西

倪授文林郎己未

康澤王廟用答神庥

康澤玉廟曰河汾保障主軄敬謹刊刻懸掛茲　聖德之淵深與神恩之汪濊及各憲臺之成民而致力於神固宜熟山高

俗順　之關宇　國計民生者如嶼其重且大也凜凜然常若育之龍章鳳詔之心酉宰國計民生者　神恩之汪濊及各憲臺之成民而致力於神固宜熟

闇道規使水不敢越　宸翰寵頒匪徒為士聖德之淵深與神恩之汪濊及各憲臺之成民而致力於神固宜熟山高

水長永垂千古矣事院述其略靉靆而為之記

府憲縣憲猥承諭屬

康澤王之區訛吉於本年三月二十日同城文武並襄陵

　　　　薰沐敬謹　書丹

嵗　太　光緒二年嵗次丙子十月穀旦立

876. 重修龍子祠碑記

立石年代：清光緒二年（1876年）

原石尺寸：高196厘米，寬80厘米

石存地點：臨汾市堯都區金殿鎮龍祠村龍子祠

古聖王之制：祭祀也，凡能禦大灾，捍大患，有功德於民者，類皆祀之。否則不在祀典即不祀，又何爲請封號，請匾額，而追崇之，以著其靈應？若龍子祠康澤王，肇於晋懷帝永嘉三年劉元海僭據平陽時，詳見府縣志，事頗怪异不經。而平水泉出平山下，可資以灌溉臨、襄兩邑之田，其利澤及民也甚溥，故世祀神龍爲此水之主，稱"平水神"，遇旱致禱輒應。宋熙寧八年，守臣奏請封"澤民侯"，廟額曰"敏濟"。崇寧五年再封"靈濟公"。宣和元年加"康澤王廟"。有唐天佑二年，宋寶元三年、政和四年感應碑，今皆湮没無存。迨元季，江陵黄公宰臨汾，大修龍子祠，鄉貢進士毛公麾有《康澤王廟碑記》。明嘉靖初，上官河壅塞四紀，太守開州王公有《張長公行水記》，判官呂公柟亦有《修平水泉官河記》，而修廟碑記志乘則缺。洎我國朝重修者屢矣，俱有碑記，撫、藩、府、縣亦各獻有匾額、楹聯，足以彰神德，壯祠觀矣。而未有奎藻光臨之盛，尤足爲千秋曠典也。我邑侯浙東許公，由太原縣調署臨汾，睹郡城兵燹之餘，各廟宇傾圮實甚，慨然興修墜舉廢之思。諸多創修，而尤以關帝廟巨工爲重，禀請府憲暨鎮臺督修。時恩太守主修萬壽宮以肅朝典，修蓮花池以便民汲，於修關帝廟并行不悖。相與籌經費，各捐廉俸爲倡，多方募緣。重新修建，視舊制有增。比年夏秋亢旱，連禱於帝廟、王祠，及時雨沛，靈應如響。光緒元年七月間，侯據紳士等禀，懇以廟祀正神，實能禦灾捍患，有功德於民，例得懇請宸翰褒揚，以彰崇報等情由。府憲轉經藩憲、臬憲，具詳請奏。蒙巡撫部院鮑憲於光緒元年十一月二十九日據情轉奏。十二月初九日，内閣奉上諭："鮑源深奏神靈顯應，請□匾額一摺：同治六年冬間，捻匪窜逼山西，臨汾縣城仰賴關帝神靈默佑，得保無虞；十一年夏秋亢旱，望澤甚殷，復賴關帝暨康□□□□普沛甘霖，實深寅感。著南書房翰林，恭書匾額各一方，交鮑源深祗領，敬謹懸挂臨汾縣城關帝廟，并城西平水康澤王廟，用答神庥。"御書匾額二方……佑順，康澤王廟曰"河汾保障"，□□至縣，敬謹刊刻懸挂。兹康澤王之匾，諏吉於本年三月二十日，同城文武并襄□縣恭詣龍子祠……紳士、渠長、庶民等鼓樂迎拜，懸□□殿，并献牲醴，以酬靈貺。是盖神之功德所感應，尤神之靈爽所式憑。緣係御筆，設有龍旗、龍……兩邑十六河人等觸目警心，□□□□□之關乎國計民生者如此，其重且大也。凛凛然常若有龍章鳳誥在心目間，遵規使水，不敢越□□□□嘆宸翰寵頌，非徒爲……聖德之淵深，與神恩之汪濊，及各憲臺之成民，而致力於神，固宜與山高水長，永垂千古矣。事既□，□記於府憲、縣憲，猥承諭……述其略，鞠膳而爲之記。

敕授承德郎六品職衔孝廉方正改就教職恩貢生張兆熊薰沐敬謹編次，例授文林郎己未恩科舉人吏部揀選知縣辛未大挑二等即補儒學正堂柴甲榮薰沐敬謹書丹。

時大□光緒二年歲次丙子十月穀旦立。

重建龍神火神廟碑記

火神祠剏建多歷年所上而有

古有五祀而水火之祀為尤重水火巨曰元冥火巨曰祝融皆大宗伯司之諸洪

五行首言水火火西潤下具炎上同功水火之利薄矣哉西馬村發家恭甚有

灌溉之利德為川火為火島矣熱於蓺蒸不許躍躍奉老集

兩作之用是求火神非重功之巨此之盛賈之人集賢於

日飲食所資水火是求水火島魚

雅水火有發生之源民立廟奉祀

渭泰祀加祭耕村人人

於是別除荒生之凤

神祠剏建多歷年所上而家

曰三此人容父立中張公芈

中張公芈賈之省神龍神之屬主之火火神龍

京師屬主之火水西将

蓋從此龍神之力成則有仁

火神之力我則有仁今召且兩

龍魚當於

此龍龍治水火島

水火島不容

877. 重建龍神火神廟碑記

立石年代：清光緒二年（1876 年）

原石尺寸：高 165 厘米，寬 73 厘米

石存地點：運城市新絳縣萬安鎮西馬村

重建龍神火神廟碑記

　　古有五祀，而水火之祀爲尤重。水正曰元冥，火正曰祝融，皆大宗伯司之。稽諸《洪範·五行》，首言水火而潤下，與炎上同功，水火之利溥矣哉！西馬村張家巷舊有龍神火神祠，創建多歷年所，上雨旁風，漸就傾圮。里之人集資修葺，莫不抃躍鼓舞，奔走恐後。於是，剔除朽蠹，整飾庳庶，安置城堨，輝耀丹臒，望之巍然，即之煥然。縉紳耆老具牲酒，肇祀如儀，洵盛舉也。里人立中張公等賈於京師，屬余煒記事之文，將鐫諸石。余惟水火者，養生之源也。水旺於冬，火盛於夏者，有神以主之也。且水火既濟，而水有灌園之利，火無燎原之災，以龍神、火神之隱爲司也。盖云從乎龍，龍治水而雷雨作；陽德爲火，火取木而燔烈興。嘉卉豐於是，百穀成於是，而人生之飲食日用無日能外乎是。是水火之與民爲命者，孰非龍神、火神之力哉！則有仁人君子創廟貌而事之者，是亦重農功也，報本意也。其與先農、先蠶諸大祀，同爲典禮所不容廢，人情所不自禁者也。余故援其事而樂爲之記。

　　賜進士出身誥授中憲大夫記名繁缺道禮科掌印給事中前翰林院編修加六級尋鑾煒沐手撰文，郡庠生員張鳳儀沐手書丹。

清（五）

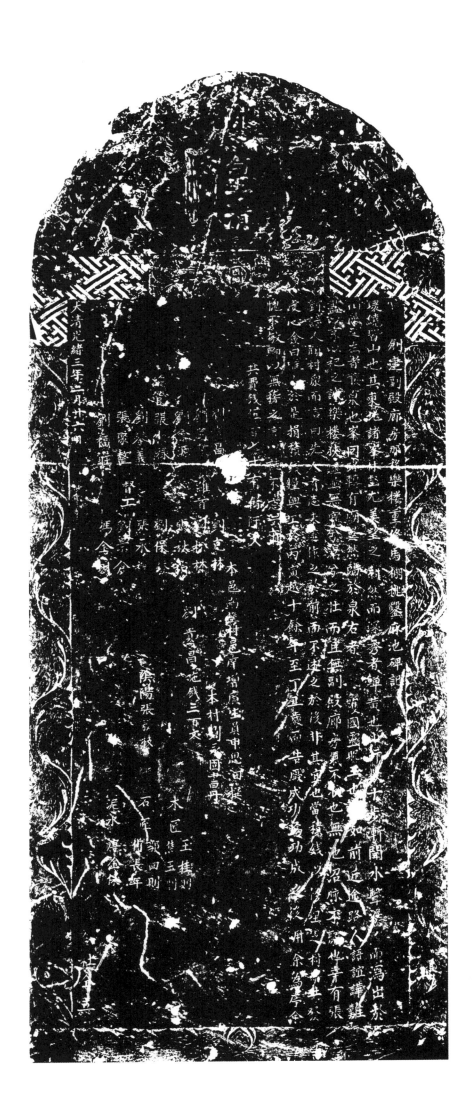

878. 創建副殿廊房挪移樂樓重修馬棚挑鑿麻池碑記

立石年代：清光緒三年（1877 年）
原石尺寸：高 136 厘米，寬 55 厘米
石存地點：長治市黎城縣程家山鎮蟬黃村

〔碑額〕：皇清

創建副殿廊房挪移樂楼重修馬棚挑鑿麻池碑記

　　環繞皆山也，其東北諸峰，林壑尤美，望之蔚然而深秀者，蟬黃也。山行数十步，漸聞水聲潺潺而瀉出於山麓之左者，釀泉也。峰回路轉，有廟异然，臨於泉右者，護國靈貺王也。□如前近途，路人語誼譁，難盡以享以祀之誠。樂楼狹隘并無寬兮淖兮之壯，而且無副殿、廊房，氣不□也，無池沼，脉不聚也。幸有張、劉諸人顧村衆而言曰："先人有志未逮，作之於前而不述之於後，非其宜也，當積錢以修理之。"村□共發虔心，僉曰唯□。於是捐積錢糧。興工於丙寅，越十餘年至丁丑歲而告厥成功焉。功成之後，用余爲序。余愧不敏，聊以無稽之言，以誌不忘云爾。

　　本邑南堡村邑庠增廣生員申思沺撰，本村劉永固書丹。

　　共費錢伍佰七十有餘仟文。

　　總管：劉□昌、劉萬業、劉會源、張□禄、劉攀義、張聚整、劉福旺。維首：劉克林、劉松林、張秋□、劉保□。督工：張永祥、劉景倉、馮金財、劉貴昌，施錢三百文。

　　陰陽：張發枝。木匠：王桂則、焦玉□。石匠：郭四則、何長年。泥水：唐金保。

　　大清光緒三年二月廿六日合社同立。

益聞隣里素有睍恤之義衣食足驗推解
之仁況歲值凶災尤宜籌辦茲因光緒丙
子閭邑荒旱而吾村僻處山隈其災尤其
吾等籌賑無策賴諸君各出貲財一村會
乏得以全生於是喜諸君好義樂施有令
古人之風焉其功德為不可湮也乃列
於其輸貲姓名於左

次
趙德昌 施錢伍仟文 劉安世 施錢貳仟文 馬 槐 施錢壹
霍永成 施錢玖仟文 崴 施錢貳仟文 郭維諣 施錢壹
衛 通 施錢拾伍文 郭 施錢貳仟文 李紹前 施錢壹
李繼亮 施錢叁仟文 劉安邦 施錢貳仟文
李繼成 施錢貳仟文 李重明
郭而耀 郝廣成
經理社首楊 能 劉安家 撰并書
趙學曾溫景星

大清光緒參年歲在丁丑巧川中洗刊石

879. 灾荒自救碑記

立石年代：清光緒三年（1877 年）
原石尺寸：高 36 厘米，寬 47 厘米
石存地點：呂梁市汾陽市栗家莊鎮田村關帝廟

　　蓋聞鄰里素有賙恤之義，衣食足驗推解之仁，況歲值凶災，尤宜籌辦。兹因光緒丙子，闔邑荒旱，而吾村僻處山隈，其灾尤甚。吾等籌賑無策，賴諸君各出資財，一村貧乏得以全生。於是喜諸君好義樂施，有合於古人之風焉，其功德爲不可湮也，乃列次其輸資姓名於左：

　　趙德昌施錢拾仟文，霍永盛施錢玖仟文，衛通施錢拾仟文，李繼亮施錢叁仟文，李繼成施錢貳仟文，劉安世施錢貳仟文，武峨施錢貳仟文，郭而魁施錢貳仟文，劉安邦施錢貳仟文，李重明施錢貳仟文，馬槐施錢壹仟文，郭維謙施錢壹仟文，李紹前施錢壹仟文。

　　經理社首：郭而耀、楊態、趙學曾、郝廣成、劉安家撰并書、温景星。

　　大清光緒叁年歲在丁丑巧月中浣刊石。

清（五）

880. 荒年誌

立石年代：清光緒四年（1878 年）
原石尺寸：高 53 厘米，寬 30 厘米
石存地點：運城市萬榮縣光華鄉北火上村

荒年誌

窃思天灾流行，亘古不免。甚可畏者，奢華之過，竟致此荒之大也。父□其子，夫撤其妻，至性之思，情不暇顧。途中刁捨，家内偷盗，得財傷主者隆計繳，白面書生尋傭工，紅粉佳人屢次□賣。田産如□□，縱逃外鄉，宛同歸市，□大寂寂於里巷，牛馬寥寥於村庄。人食人而犬食犬，目睹心傷，并無可救之方。幸矣天仁天台曾國荃題奏聖主號光緒，即時免徵□賑。又示格殺勿論之劍，君臣之至德以言難盡。如今人多粟少，飢□交迫，八口之家去六七，十室之邑留二三。彼家之氓，親嘗其苦。回憶荒情，如履薄冰，若不歷歷勒於碑石，恐後生之聞而不信也，於是謹誌。

前季麦薄收，中後季秋麦未種一粒。錢行每兩一千一百譜。麦米每斗價銀三兩譜。靠庄地每畝價銀二三串。合村人五百口有零，留一百八十口；户一百廿户有零，留四十户有零。牛馬七十頭有零，留十頭。四年三月十五日時雨一犁，隨後五風十雨。

……

社人李華穡撰并題。散賑每月大口二斤，小口一斤。

光緒三、四年荒年序。

清（五）

1901

881. 灾年後掩藏暴骨墓記

立石年代：清光緒五年（1879 年）
原石尺寸：高 151 厘米，寬 57 厘米
石存地點：運城市平陸縣洪池鎮洪池村

〔碑額〕：大清

灾年後掩藏暴骨墓記

蓋聞澤及枯骨，此固周文王盛德事也。後人不能行其事，獨不可師其意乎。竊憶光緒二年歲在丙子，天氣亢旱，秋夏薄收，至次年丁丑月春迄秋，旱魃爲虐，二麥皆未交土。舊既没，新亦無望，空罄空懸；穀未熟，菜仍弗生，腹枵難忍。迨九、十月間，士民不安本分者，結黨成群，晝夜刁搶。雖稟官究治，命斃於桎梏下者不少，此風究未能熄。幸賴我上憲出□□□法，格殺勿論，明示自後，惡黨漸□，人心庶可少安矣。無奈又出報捐富戶一事，役勇捕捉，嚴刑追比，□往有□□厚人而被刑戮，□術士而□垢辱者矣。嗚呼！何其殘也。由是有餘者多納官府，無食者難度光陰，十室九空，束手無措。米麥價高五六兩，無銀難籴升合之糧，沃壤錢值百餘文數畝，略充一餐之飽。飼牲畜之户賣牛羊，□鷄□聯□飢腸；缺供養之家，剝樹皮，挖草根，苟延生命。首飾重金玉貨皮，時輕若泥沙，器物縱精良，售賣者低作柴草。丁□季女，斯飢求嫁不惜千金體，竟以丈夫溺愛逃生，忍抛三歲兒。以故人多相食，至親弗顧。賊實滿路，白晝□行□□，所謂維□之富卜如時，維今之疚，不如兹也。雖蒙我聖上軫念民依，給發帑金數十萬兩，差買粟米，縣城設粥廠，鄉村設賑局，□之走死逃亡，枕骸遍野，能相救活者，每村十分之中，不過二三。嗟夫！此豈昊天上帝不我虞□世，先祖之予忍哉！亦人之暴殄天物，上干天怒，以致此耳。余目擊心傷，竊取昔人埋骨之意，聊即親所見暴露之骨，拾聚一處，掘穴掩藏，積土成塚，遂以此方爲義地，覓工刊石，永垂千秋。一則略盡余憫死之心，二則俾後來君子，借此作爲殷鑒，□儉去奢，不忘古人餘一餘三之訓焉耳。是爲記。

地主耆賓張時坊立，侄生員炳暉書丹。

石匠均州程連金。

光緒五年歲次己卯二月初二日。

黄河流域水利碑刻集成·山西卷 七

1904

通利渠開創於興定之年成就於洪武之歲其時接地立夫剞定三十日為一名屬上
三村洪邑之辛村原夫四十八名載在舊冊詳於碑靖亙古莫之能易也迨道同治十
二年迄今方七八年雖未久而其中有夫無地無名有夫者不可勝數使不董正
其事一旦興工治水夤袖于品旁觀辛清揚等不忍坐視因舉公直一定不易
重編功成將新立四十八家夫名領袖公直姓名勒諸瑣瑣庶覽碑者無不共勤渠事
之失數更有地應夫之主名沿因夫之卒既有條而不紊夫照地與自令先而恐後茲也
而樂為之暴也是為序

領編辛清揚

周廢有名次堂

周國成

周福育　劉永江

周福育

劉雲鵬

崘州辛西庚

　　公直

公直　劉光壁夫額娃名一甲

趙由元

圓元忠

周福有

　　　辛成珍

882. 通利渠治水碑記

立石年代：清光緒五年（1879 年）
原石尺寸：高 122 厘米，寬 63 厘米
石存地點：臨汾市洪洞縣辛村鎮辛南村梳妝樓

通利渠開創於興定之年，成就於洪武之歲。其時按地立夫，例定三十日爲一名，屬上三村。洪邑之辛村，原夫四十八名，載在舊册，詳於碑迹，亘古莫之能易也。乃自同治十二年迄今方七八年，年雖未久，而其中有夫無地、無名有夫者不可勝數，使不董正其事，一旦興工治水，多袖手而旁觀。辛清揚等不忍坐視，因舉公直數位，因一定不易之夫數，更有地應夫之主名。名因夫立，既有條而不紊；夫照地興，自爭先而恐後。兹也重編功成，將新立四十八家夫名、領袖、公直姓名勒諸貞珉。庶覽碑者無不共襄渠事，而樂爲更新之舉也。是爲序。

領袖：辛清揚、劉雲鵬。編册：辛西庚、辛希聖、趙士元、周福有。公直：周國成、周元龍、劉光璧、周元忠、辛成珍。

夫頭姓名：一甲：周廣有、周福有、周元絨、周元忠、周元封、周國成。二甲：居敬堂、劉永江、周國敬、辛西京、秦長壽、周國祥。三甲：辛廣元、辛會元、王國治、辛萬順、辛林盛、德裕堂。四甲：高步忠、辛清揚、劉雲恒、趙其昌、辛西園、辛西庚。五甲：辛玉縣、趙士元、辛萬吉、辛洪福、德裕堂、辛大福。六甲：喬立英、辛秉禄、辛清蘭、居敬堂、辛立太、辛永福。七甲：周元吉、辛西銘、辛秉□、德裕堂、劉光璧、辛生金。八甲：董忠仁、辛得貴、辛夢鵬、辛成□、辛夢康、王學孟。

時光緒五年歲次己卯仲春重編。

吾庄號十八堰由來冬矣立村之始不過
數家繼而人煙稠密有戶五十人一百分
十八口至光緒三年不幸旱疬為虐延以
本年無秋四年無麥每石價銀三十餘而
秋二十有奇粒粒如珠尋覓蔟藜以充饑餓
剝樹皮以延性命而蔟藜樹皮能得幾何
遂使老羸輾轉尸骸狼藉或宛於道或斃
於室傷心慘目痛不堪言秋收後計存戶
僅十七家人五十五口說者謂饑饉戕生
天實為之予葦竊謂不然夫天災流行何
地茂有所賴以補救者人耳古人耕三餘
一耕九餘三豈晏歲為戎年數年以來
或及食洋煙或食好奪靡以致十室九空
毫無蓄積一遇歲凶束手待斃而食其有
忍心害理者至以父而食其子以女而食
其母種種恐端實難枚舉予葦延殘喘
親見其事惟恐後人樂生而忘死也爰弁
數語以示微並改十八堰為富村庶幾廉
戀前非歪戒將來由此戶口皆索封人盡宿
飽相生相養以至戶口繁而教化復行也
是即予葦之所厚望也夫

本莊
耆老揚廉善謹撰
儒士王欽書敬書碑

大清光緒五年杏月吉日立

883. 堰村灾荒碑記

立石年代：清光緒五年（1879 年）
原石尺寸：高 46 厘米，寬 65 厘米
石存地點：運城市聞喜縣后宮鄉十八墢村

吾庄號十八堰，由來久矣。立村之始，不過數家，繼而人烟稠密，有戶五十，人一百八十八口。至光緒三年，不幸旱魃爲虐，乃以本年無秋，四年無麥，每石價銀三十餘兩，秋二十有奇，粒粒如珠。尋蒺藜以充饑餓，剥樹皮以延性命。而蒺藜、樹皮能得幾何？遂使老贏輾轉，尸骸狼藉，或死於道，或斃於室，傷心慘目，痛不堪言。秋收後計存戶僅十七家，人五十五口。説者謂"饑饉戕生，天實爲之"。予輩竊謂不然。夫天灾流行，何地蔑有所賴，以補救者人耳。古人耕三餘一，耕九餘三，豈畏歲凶哉？余庄數年以來，或吸食洋烟，或貪好奢靡，以致十室九空，毫無蓄積，一遇歲凶，束手待斃而已。其有忍心害理者，至以父而食其子，以女而食其母，種種惡端，實難枚舉。予輩幸延殘喘，親見其事，惟恐後人樂生而忘死也。爰弁數語，以示儆。并改十八堰爲富村，庶幾痛懲前非，垂戒將來。由此戶皆素封，人盡宿飽，相生相養，以至戶口繁而教化復行也，是即予輩之所厚望也夫。

本莊耆老楊廉善謹撰，儒士王欽書敬書并施石碑。

大清光緒五年杏月吉日立。

烈石泉英濟侯祠勅加封號碑

光緒五年十月
詔禮部陽曲烈石泉英濟侯祠祀晉大夫竇犨以因禱雨
著靈驗臣奏請褒加封號其賜靈佑顯應英濟侯額歲時
致祭下所司如制以年三月知縣錫良到官遇旱四月五
日躬帥吏民走祈祠下越宿而雨衆庶欣慰咸思樹石勒
銘爰荅靈貺謹案圖志侯縣人也舊祀於北郭宋元豐三
年始錫爵封移建今祠自是以來禱祀不絕石記如林而
報功之典至今持為隆備不有記述竊以宣上德抒下情
大懼隕越為守土戾乃敬表其事詞曰
鬱鬱碧山沈沈白虹一掬寒泉萬古英風莫寧上　評　地　天
寔通遂並臺駘汾川啟封烈石何烈惟侯之忠
聖朝崇禮典稽豑宗古王宣辟祈報景從徵靈響　忽　沛　澤
鴻濛故國蒙祉黎庶勸功泉流不竭侯德無窮

884. 冽石泉英濟侯祠敕加封號碑

立石年代：清光緒五年（1879 年）

原石尺寸：高 163 厘米，寬 61 厘米

石存地點：太原市尖草坪區上蘭村竇大夫祠

〔碑額〕：冽石泉英濟侯祠敕加封號碑

光緒五年十月詔禮部：

陽曲烈石泉英濟侯祠，祀晉大夫竇犨，比因禱雨著靈，疆臣奏請褒加封號。其賜"靈佑顯應英濟侯"額，歲時致祭，下所司如制。八年三月，知縣錫良到官，遇旱。四月五日，躬帥吏民走祈祠下。越宿而雨，衆庶欣慰，咸思樹石勒銘，虔答靈貺。謹案圖志：侯，縣人也，舊祀於北郭，宋元豐三年始錫爵封，移建今祠。自是以來，禱祀不絕，石記如林，而報功之典至今特爲隆備。不有記述，無以宣上德、抒下情，大懼隕越，爲守土厎，乃敬表其事。詞曰：

矗矗碧血，沈沈白虹，一掬寒泉，萬古英風。真宰上訴，地天實通，遂并臺駘，汾川啓封。烈石何烈，惟侯之忠，聖朝崇禮，典稽艷宗。吉玉宣璧，祈報景從，徵靈饗忽，沛澤鴻濛。故國蒙祉，黎庶勤功，泉流不竭，侯德無窮。

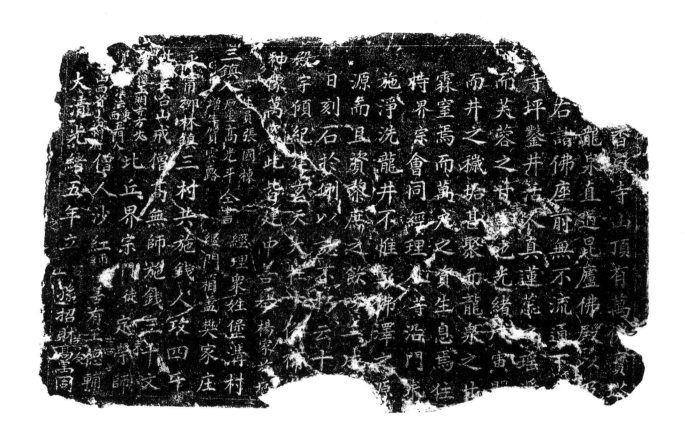

885. 石佛塔龍泉井石碣

立石年代：清光緒五年（1879年）

原石尺寸：高35厘米，寬55厘米

石存地點：呂梁市柳林縣柳林鎮香嚴寺

□□香嚴寺山頂有萬佛寶塔，□□龍泉直過昆廬佛殿，以□□右諸佛座前無不流通，下□寺坪。鑿井活人，真蓮蕊之瑤□，而芙蓉之甘露也。光緒戊寅□，而井之穢垢甚聚，而龍泉之甘霖窒焉，而萬户之資生息焉。住持界宗會同經理人等沿門求施，净洗龍井。不惟彰佛澤之源源，而且資黎庶之飲啄。工成□日，刻石於側，以誌不朽云。十□殿宇傾紀，建玄天大柱十，□補□神像萬衆，此皆建中善舉。

三鎮人生員張國棟、廩生高光斗、增生賀雲路同書。

經理衆姓：楊家圪塔、堡溝村、經門箱蓋樊家庄。

永寧柳林鎮三村共施錢人攻四千，北□五臺山戒僧高無師施錢三千文，□□僧玉明寺方丈比丘界宗，門徒定榮、定來、定喜師、柳溪法東西五門人，僧人沙紅師、善有王德輔。

石工：孫招財、善友高萬同。

大清光緒五年立。

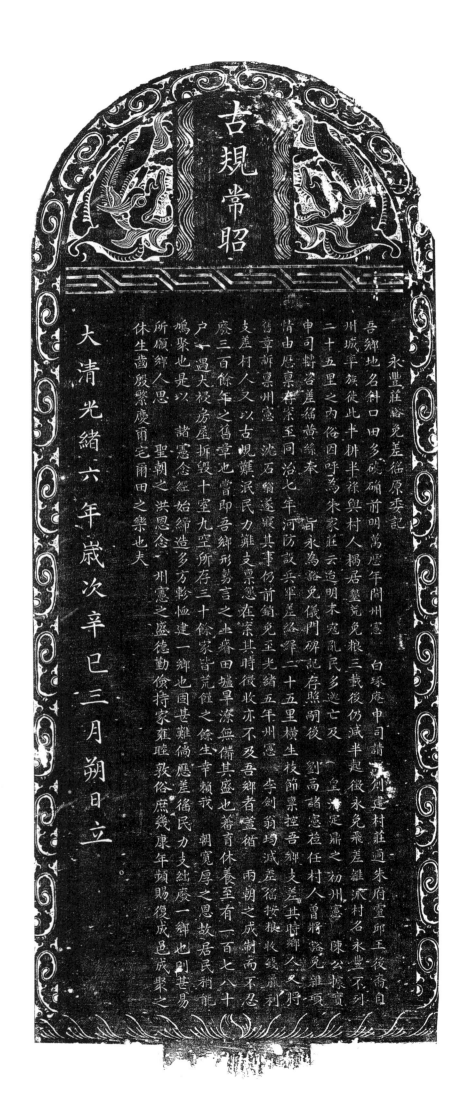

1912

886. 永豐莊豁免差徭原委記

立石年代：清光緒六年（1880年）

原石尺寸：高135厘米，寬54厘米

石存地點：運城市新絳縣古交鎮永豐莊關帝廟

〔碑額〕：古規常昭

永豐莊豁免差徭原委記

吾鄉地名斜口，田多磽确。前明萬曆年間，州憲白琢庵申司請□創建村莊，適朱府靈邱王後裔自州城率族徙此，半耕半禄，與村人耦居墾荒，免粮三載，後仍減半起徵，永免飛差雜派。村名永豐不列，二十五里之内，俗因呼爲朱家莊云。迨明末寇亂，民多逃亡。及皇清定鼎之初，州憲陳公據實申司，轉咨差徭，黃絲奉旨，永爲豁免，儀門碑記存照。嗣後劉高諸憲蒞任，村人曾將豁免雜項情由歷禀存案。至同治七年，河防設兵，軍差絡繹二十五里，橫生枝節，禀控吾鄉支差。其時，鄉人又將舊章訴禀州憲，沈石翁遂寢其事，仍前銷免。至光緒五年，州憲李劍翁均減差徭，按粮收錢，贏利支差。村人又以古規難泯，民力難支，禀懇在案。其時徵收亦不及吾鄉者，蓋循兩朝之成制，而不忍廢三百餘年之舊章也。嘗即吾鄉形勢言之，土瘠田墟，旱潦無備。其盛也，蕃育休養，至有一百七八十戶。一遇大祲，房屋拆毀，十室九空，所存三十餘家，皆荒饉之餘生。幸賴我朝寬厚之恩，故居民稍能鳩聚也，是以諸憲念經始締造，多方軫恤，建一鄉也固甚難，倘應差徭，民力支絀，廢一鄉也則甚易。所願鄉人思聖朝之洪恩，念州憲之盛德，勤儉持家，雍睦敦俗。庶幾康年頻賜，復成邑成聚之休，生齒殷繁，慶爾宅爾田之樂也夫。

大清光緒六年歲次辛巳三月朔日立。

皇清

龍王廟增修正殿碑記

本社癸亥科恩科 舉人 雷生春薰沐撰
生員 陳宗實沐手書

皆大清光緒六年七月吉日穀旦

887. 龍王廟增修正殿碑記

立石年代：清光緒六年（1880年）
原石尺寸：高162厘米，寬65厘米
石存地點：運城市鹽湖區博物館

〔碑額〕：皇清

龍王廟增修正殿碑記

余村之有龍王廟也，由來舊矣，風雨時若，定能佑夫一方禾役暢茂，誠足育乎萬姓。其神力之赫濯，普降恩膏，我農人之歡欣，群樂報賽。顧樂樓重修，衣冠獻夫優孟，獻庭創建，俎豆列其馨香，而正殿規模未廣，不惟有欠於人心，制度未宏，抑何能屬夫神意乎！於是，社中父老咸謂："樂樓既已重修，獻庭既已創建，而正殿何可令其卑隘，聽其樸陋乎！"遂集社人商議增修正殿，大其規模，無不惟命是從。於是擇吉聚工，於同治十二年七月動工，於光緒元年告竣。共費銀貳佰陸拾壹兩伍錢，前一分出銀壹佰壹拾壹兩伍錢，後一分出銀陸拾壹兩伍錢，左一分出銀柒拾肆兩，右一分出銀壹拾肆兩伍錢。於是正殿改觀，而廟貌愈覺壯麗矣。猗歟休哉！真一時之盛舉也！余何能不誌其顛末，以記夫不朽哉！

本社壬戌恩科舉人雷生春薰沐撰，本社癸亥科考生員陳宗實沐手書。

首人：雷夢蘭、監生雷步春、賈鳴雲、雷步弓、賈鳴崗、雷夢芹、登仕佐郎陳殿元、雷經昶、雷登閣、楊鳶道、雷雨海、李寬海、雷雨津、皇恩陳林。

時大清光緒六年七月吉日穀旦。

賈村社水利碑記

賈村社水利碑記曰有備無患是知彌患於巳然不若防患於未然也如我村水利不知肇自何代有前河後河上渠下渠四水利前河古名余家道口水其源在下樂平村南西流而入我村此與下樂平村西北西流而入我村此我村之水因……

大清光緒七年清和月穀旦立

888. 賈村社水利碑記

立石年代：清光緒七年（1881 年）
原石尺寸：高 160 厘米，寬 69 厘米
石存地點：臨汾市霍州市大張鎮賈村媧皇廟

賈村社水利碑記

蓋聞之《易》曰"思患預防"，《書》曰"有備無患"，是知彌患於已然，不若防患於未然也。如我村水利不知肇自何代，有前河、後河、上渠、下渠四水利。前河古名余家道口水，其源在下樂平村南，西流而入我村，此與下樂平輪溝分使之水也。後河古名小河水，其源在下樂平村西北，西流而入我村，此我村之水，因舊有讓與下樂平泉地，許其合流而輪溝焉。上渠古名中灘水，其源在下樂平佛廟下後灘裡，泉源極多，分南北中三巢，西流合一而入我村，此我村獨用之水也。下渠在我村東北里許，西流而入我村，此亦我村獨用之水也。夫此四水也，不特爲我村靈秀之奇，實爲我村養命之源也。但社無碑記，每遭強霸之患，雖有古碑立於州署之土地祠，未立於我村之廟，而人不習見；雖有古圖，地勢屢更，地名屢易，而人不習聞。是以前明萬曆年間，因下樂平爭我小河水利，讓與舊堎下泉北浸地二丈；至我國朝，因城南社爭我澗河津水，霸去上渠北巢西北角小泉兩處；近於光緒元年，又被下樂平段姓築塞上渠北巢東北角大泉三處，訟結連年。此皆由社無碑記，我村人習焉，無以察其實語焉，不能得其詳焉已。次年冬孟，蒙楊州尊履泉親勘，按圖考問，面諭村人，命將我村之水利重總一圖，刻之於碑，記載詳明。俾後人得以習見習聞，不致語焉不得其詳也。況城南社所霸之泉逼近澗河，與上渠北巢之渠南北僅隔二丈有餘之譜，倘被水噬，勢起爭端，一覽此碑昭然若揭，一展此圖瞭然如見，不誠防患之善道歟？末等謹遵鈞諭，查古碑以記始末，覓良匠以繪泉圖。鞠躬盡瘁，惟期上無負州尊之至意，下以備不虞之後患焉斯已耳。是爲序。

欽加運同銜霍州直隸州知州在任候補知府馬平楊立旭鑒定命刊，敕授修職郎廩貢生試用訓導前署解州學正庭九劉恒扶撰文，儒學生員崑山劉美瑗書丹，儒學武生重光劉子明監刊，例授昭武都尉兵部候推都閫府仙槎劉望源監圖。

經事香總：監生劉鐘英、劉居栽、劉志聖、喬如珍、監生劉照熊、耆賓劉居存、監生劉恒祺、生員劉美瑗。

水利溝頭：監生劉恒憲、從九劉居鐸、耆賓劉恒要、庠生劉恒掄、監生劉恒擢、監生劉恒祺、監生劉照熊、從九劉美尊、都司劉望源、生員劉美瑗、庠生劉毓麒、監貢劉望慎、劉望波、監生劉志忠。

結事村老：耆賓劉恒要、未入流劉居總、耆賓劉居鍛、訓導劉恒扶。

督辦香總：劉望雍、庠生劉恒掄、劉恒煉、李含芳、劉望□、從九劉美聖、劉美尚、李含珍、劉志惠、劉美瑚、劉志信、喬如珍、劉美頌、未入流劉居總、劉恒博、典史劉麒英。

畫匠劉洒樂，石匠杜春發。

大清光緒七年清和月穀旦立。

889. 重修南泉碑記

立石年代：清光緒七年（1881 年）
原石尺寸：高 155 厘米，寬 60 厘米
石存地點：晋中市壽陽縣平舒鄉上峪村

〔碑額〕：并受其福

重修南泉碑記

嘗聞南泉曉月，爲村中八景之一也。其泉在村之……已久，雖溯其淵源，不知出於何時，而考其地理，實……等以石塊傾圮，壅塞泉水，衆之取携，實爲不便，遂與村人鋪……貲，因擇經理數人董治其事，以妥爲修葺。於是石泉□立，源流暢達，而村……北道以取挹者乃克左右逢源焉。誠使飲是泉者，推井養不窮之義，知養生兼以養□，當取□而盟其心。而廉泉讓水之風，將於是乎見，又何僅與虎塞積雪、龍塯斜陽、鳳臺春色、橋渠緑景、逍遥古渡、摩林烟樹、紅崖返照之類，空標景色之美麗也哉。是爲記。

本鎮優增生員祁開第撰文，本鎮廩膳生員王百川謹書。

經理人：鄉耆黄繼弼、閻大忠、趙瑞鵬、從九品王鶴義、冀清恩、王富魁、王明武、王夢説、王俊明。

大清光緒七年歲次辛巳夷則月□□。

清（五）

1919

新建北河入道碑記

890. 新建北河水道碑記

立石年代：清光緒七年（1881 年）
原石尺寸：高 112 厘米，寬 48 厘米
石存地點：呂梁市離石區鳳山街道西崖底社區虎麓寺

〔碑額〕：新建北河水道碑記

　　且天下有興於其始者，必有所廢於其終；有創於其前者，必有所繼於其後。凡事皆然，而引水灌地之役爲尤甚。州屬西崖底村舊自嘉慶年間，引東河水澆西地田，其勢至順，其功易成，數十年循途守□，罔敢忽更其制。迄咸豐、同治等年，堰濠屢被水冲，改修逮資人力，雖費多金，亦莫少惜，是所謂法遵先制，率由舊章者也。獨至光緒元年六月十五日卯刻，東北兩河一齊暴漲，水勢陡高三丈，人功莫展一籌。東河道引水之濠湮沒盡廢，即欲循舊而開，則河低岸高勢不能，由卑污而逆流，此殆天數使然，人力無可□倚者也。方幸我國家深仁厚澤，利導斯民，示諭各屬水灾之鄉，凡被河湮冲，不能耕種之地，今設法開墾，務爲灌溉之田。村中紳耆集衆公議，原捨東就北，度勢揆形，擇北川袁家庄河灣，挑濠引水。糾集上下水西二村，并工合浚。復於下水西對面灣裡新築大堰一道、水洞一孔，約費錢壹千餘緡，計澆地陸百餘畝。水道至西崖底坪沙堤前另分作三路行水，爲合村從便之需。事竣公議，於河神神前常年三月獻戲三天，每年經理水頭四人，甲頭六人，輪流充應。如有因私誤公，躲前縮後者，計罰錢貳千肆百文，入社公用。嗣後每挑水道及一切補□濠堰工費等事，上水西村祇按地拔工分水，而天下水西與西崖底兩村均各照地分水，按畝攤錢，不許隱瞞奸抗。所有滿年一切花費等項，前半年所攤之錢定於七月十五日全清，後半年所攤之錢定於十月初一日全清。過限未付，加倍受罰，頑滑不遵，稟官究治。立此程規，垂之久遠，所以杜攙越橫行，滋生弊端之漸者，爲至預也。第恐年深日久，人有更替，事或變遷，攤錢則因多昧少，分水則即少爭多，經理趙爾良等勒石示後，問序於余。余本魯質，實不能文，但念是村猶有善後之意，豈余獨無俚俗之詞。因不揣固陋，援筆直書，俾後之經理斯事者，得以悉知其巔末云。

　　永郡廩貢生候選儒學訓導王居仁撰，永郡儒學優行廩膳生員李國均敬書。

　　大清光緒七年歲次辛巳十月穀旦闔村公立。

891. 龍泉石刻

立石年代：清光緒七年（1881 年）
原石尺寸：高 70 厘米，寬 161 厘米
石存地點：大同市雲州區地藏寺

龍泉

892. 老龍洞摩崖洞額

立石年代：清光緒八年（1882 年）
原石尺寸：高 37 厘米，寬 70 厘米
石存地點：朔州市朔城區張蔡莊鄉老龍洞

靈應老龍洞
□□□敬。
光緒八年四月十七日立。

重修五龍廟碑記

龍里之竉末間於古自趙宋以來始有傳祠所訟祈甘雨而介我稷黍也霍汾
杜俗儉而民勤力於農畝不營末利其尤世多讀書人以故村賴甘長者易興
為善歲庚辰首事人霍沛書等集謀更於五龍廟有易以新者則正殿是春仍
其舊者則山門及樂樓是其世則出於其本如又葬於四方以足之此民事屬余
記之余既喜抑人之能新斷廟余顧所之東則明島歷間也杉建於屯之內則我兗陰間
也既嘉抑人之能按其碑鷚創修於河之東田杉建於屯之內則我兗陰間
有其資而善根可培重詩書則入孝出茶栾其道而蒙栿妝念將見民戔伯篤
隆之福所謂甘雨時而嘉穀茂者於是乎在莫不勸歟是為記
廪　貢生候選儒學教諭　謝　潘　依　撰

李　昌杰　書

經理
王九德于尚忠
霍王壁于徐和
敷琳施銀四兩
施銀一兩

糾首
霍廉泰于元遜
霍峀德于壽稿
施銀貳兩
施銀壹兩

首事
香沛書于受益
施銀三兩
于元仁

光緒八年歲六月一穀旦弓雒期鑴字

893. 重修五龍廟碑記

立石年代：清光緒八年（1882 年）

原石尺寸：高 82 厘米，寬 61 厘米

石存地點：晋中市壽陽縣尹靈芝鎮霍家村

重修五龍廟碑記

龍王之號未聞於古，自趙宋以來始有專祠，所以祈甘雨而介我稷黍也。霍家村俗儉而民勤力於農畝，不營末利。其先世多讀書人，以故村類皆長者，易與爲善。歲庚辰，首事人霍沛書等集議重修五龍廟，有易以新者，則正殿是；有仍其舊者，則山門及樂樓是。其資財出於本村，又募於四方，以足之。既蕆事，囑余記之。余按其碑碣，創修於河之東，則明萬曆間也；移建於村之内，則我乾隆間也。余既喜村人之能新斯廟，余尤願村人之永召神休也。勤樹藝則仰事俯畜，有其資而善根可培；重詩書則入孝出恭，敦其誼而善機勃發。將見民□而神降之福，所謂甘雨時而黍稷茂者，於是乎在，豈不懿歟！是爲記。

廩貢生候選儒學教諭潘承怵撰，李昌杰書。

西庄村施銀捌兩，大霍家□施銀捌兩，庫倉村上股施銀陸兩，北股施銀陸兩，東岳社施銀陸兩，芹泉鎮施銀五兩，芹泉大廠施銀叁兩，後溝村施銀叁兩，□家塀□施銀叁兩，東寨村施銀四兩，□净鎮施銀叁兩。土□村施銀壹兩八錢，東河村、碧石村、大光村、路家溝村、七里河村、大山南村、□家陽坡村、大西溝村各施銀貳兩。西□頭、小庄村、河下村、程家庄村、秀元村、白家庄村，以上各施銀一兩。小山南村施銀壹兩四錢，高崖村施銀八錢，東陽坡村施銀四錢，西陽坡村施銀四錢。

經理糾首：霍沛書，子受益，孫敦瑞施銀三兩，樹一柱。霍玉璧，子聚泰，孫海明施銀一兩四錢，樹一柱。王九德，子尚忠，孫敷琳施銀一兩二錢。霍廣泰，子拴扣施銀陸兩。霍銀泰，子元惠施銀一兩。霍守仁，子長碧施銀一兩二錢。霍岫德，子聚和施銀一兩二錢。李萬根，子喜謙施銀一兩二錢。李柱魁，子元仁施銀一兩二錢。

石匠陳國慶、張克興施銀一兩。木匠郭錦武施銀六錢。鐵匠李萬慶施銀四錢。畫匠郭武元、霍同□、霍步□。瓦匠郭山成施銀四錢。

界□圓興寺應佛僧慈□門□光照、光昇施銀一兩二錢。

弓維期鎸字。

光緒八年六月穀旦。

894. 丁丑大荒記

立石年代：清光緒九年（1883 年）
原石尺寸：高 144 厘米，寬 58 厘米
石存地點：運城市鹽湖區上王鄉牛莊村

〔碑額〕：皇清

丁丑大荒記

昔聖門論政，以足食爲先，盖以食爲民天，得之則生，弗得則死，理固然也。是人之得免於凶年飢歲者，當以耕九餘三，耕三餘一，準王制爲常經焉，不然則救死亦不贍矣。光緒三年歲次丁丑春三月微雨，至年終無雨，麥微登，秋禾書〔盡〕無，歲大飢，平、蒲、解、絳等處尤甚。先時麥市斗加六，每石糶銀三兩有餘，至是每石銀漸長至三十二兩有零。白麵每斤錢二百文，饃每斤錢一百六十文，豆腐每斤錢四十八文，葱韭亦每斤錢三十餘文，餘食物相等。人食樹皮、草根及山中沙土石花，將樹皮皆剥去，遍地剡成荒墟。猫犬食盡，何論鷄豚、羅雀、灌鼠，無所不至。房屋、器用，凡屬木器，每斤賣錢一文餘，物雖至賤無售。每地一畞，換麵幾兩，饃幾個。家産盡費，即懸磬之空，亦無尚莫能保其殘生。人死或食其肉，又有貨之者，甚至有父子相食，母女相餐，較之易子而食，析骸以爨爲尤酷。自九十月以至四年五六月，强壯者搶奪亡命，老弱者溝壑喪生，到處道殣相望，阡求餓莩盈塗。一家十餘口存命僅二三，一處十餘家絶嗣恒八九。少留微息者，莫不目睹心傷，涕泗啼泣而已。此誠我朝二百三十餘年未見之慘悽，未聞之悲痛也。雖我皇上賑貸頻加，糧税盡蠲，而村莊共絶户一百七十二户，死男女一千零八十四口，總計人數死者七分有餘。雖曰天灾，抑亦人之未預備於早也。大荒至今已六年矣，比歲豐登，人少〔稍〕蘇，村衆欲誌，以垂戒後世。首事者囑余以記之。余素拙筆墨不文，略將事之巔末書諸貞珉，俟後之覽者，將有感於斯，以足食爲先務，而凶年免於死亡則幸甚。

本村邑庠生員玉階吕步雲撰文，本村後學從九選卿吕升舉書丹。

鄉飲耆賓吕一德施村中銀伍兩叁錢。

合村鄉地首人：吕吉泰、裴尊道、裴繼康、裴純生、裴慎躬、吕復進、程閏德、吕晋源、程發榮、裴芸貴、賈邦豪、裴勤修，立石。

大清光緒九年歲次癸未姑洗月穀旦。

嘗思天災流行何代蔑有所最重者莫如光緒
之三四年耳三年夏田薄收秋田全無麥未下
種至四年三三月麥米大長每斗重卅斤價銀
三兩七八人無度用抱食草根草根已盡剝吃
樹皮樹皮亦完道路中餓莩累累田野間青草
灌七八口之家死□過半十室之邑生僅二三
早久而寬無處可逃實有吃人肉而炊白骨者
甚有自食其兒女者此時我　皇上征稅全
免　曾撫院發帑賑濟然水路不通運難驟至
雖損上究未能益下也仰食官粮之人靡有孑
遺焉即耆老傳□要未有經此大祲者至七八
月秋田頗熟民始聊生村中户口從前約有六
百餘家至今存者不过二百家焉可不俱哉後
之鑒者務勤儉而預防焉可也至八年七廟西
墻倒塌　神像暴漏合社修補長老共議按门
輪流撥夫以省工價之費至於灰瓦磚箔等項
共費錢九千有零有出於佈施者有按粮攤收
者於是共襄神事不數日而功竣矣爰並誌之
邑庠生員范椿榮沐手撰書
貢生范常德　俊娃　世泰　李修己　共施木伍千文
生員范平夾　致文　遵　孫徐引
承首人范達財
徐保施木一千文
光緒九年四月上浣立　安邑張廷珊鐵筆

895. 杜村灾情碑記

立石年代：清光緒九年（1883 年）
原石尺寸：高 32 厘米，寬 59 厘米
石存地點：運城市萬榮縣賈村鄉杜村

嘗思天灾流行，何代蔑有，所最重者莫如光緒之三、四年耳。三年夏田薄收，秋田全無，麥未下種。至四年二、三月，麥米大長，每斗重卅斤，價銀三兩七八。人無度用，抱食草根，草根已盡，刮吃樹皮，樹皮亦完。道路中餓莩累累，田野間青草濯濯，八口之家死已過半，十室之邑生僅二三。旱久而寬，無處可逃，實有吃人肉而炊白骨者，甚有自食其兒女者。此時我皇上征稅全免，曾撫院發廩賑濟。然水路不通，運難驟至，雖損上究，未能益下也。仰食官粮之人，靡有孑遺焉，即耆老傳□，要未有經此大祲者。至七、八月，秋田頗熟，民始聊生。村中戶口從前約有六百餘家，至今存者不過二百家焉，可不懼哉！後之鑒者，務勤儉而預防焉，可也。至八年，此廟西墻倒塌，神像暴漏，合社修補，長老共議，挨門輪流撥夫，以省工價之費。至於灰瓦、磚箔等項，共費錢九千有零，有出於布施者，有按粮攤收者，於是共襄神事。不數日而功竣矣，爰并誌之。

邑庠生員范椿榮沐手撰書。

貢生范常德、范俊娃、范世泰、李修己、生員范午炎、范致文、范遵、孫徐引，共施錢伍千文。

承首人范達財、范徐保施錢一千文。

安邑張廷班鐵筆。

光緒九年四月上浣立。

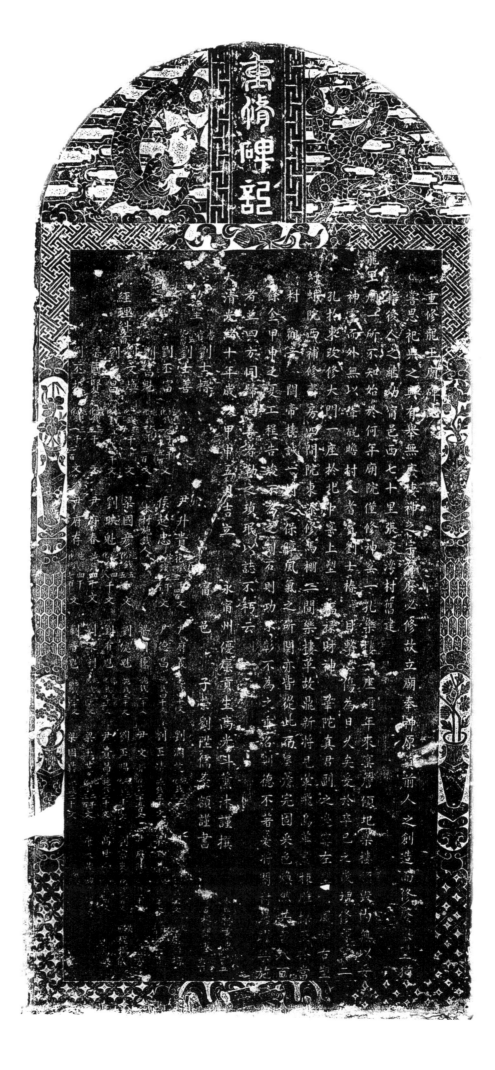

896. 重修龍王廟碑記

立石年代：清光緒十年（1884 年）

原石尺寸：高 155 厘米，寬 68 厘米

石存地點：呂梁市柳林縣莊上鎮張家灣村

〔碑額〕：重修碑記

重修龍王廟碑記

嘗思祀典之興，有舉無廢；栖神之宇，有廢必修。故立廟奉神，原資前人之創造，而修廢舉墜，猶藉後人之繼功。寧邑西七十里張家灣村，舊建龍王廟一所，不知始於何年。廟院僅修神窯一孔、樂楼一座。邇年來，窯檐傾圮、樂楼頹毀，內無以妥神靈，而外無以聳觀瞻。村人耆賓劉士椿等目擊心傷爲日久矣。爰於辛巳之歲，增修□□二孔；於東改修大門一座；於北中窯上塑福禄財神、華陀真君；副之邊窯左塑風神，右塑好蛾；院西補修齋房四間；院東添修馬棚二間；樂楼革故鼎新，將見翬飛鳥革、畫棟雕梁。至於當村觀音、關帝楼，誠一村之保障風氣之所關，亦皆從此而屋檐完固、采色煥然！共費八百餘金，甲申之夏工程告竣。不爲之刻石，則功不彰；不爲之垂名，則德不著。爰將闔村踴躍樂施者，并四方同歸向善者，勒之貞珉，以誌不朽云。

永寧州優廩貢生高光斗薰沐謹撰，寧邑子榮、劉升儒篆額謹書。

功德主：耆賓劉士椿、督工從九品劉士善。

經理糾首：劉丕富施錢一十二千文，化錢一千五百文。劉富魁施錢二千文，化錢三千二百文。劉文煥施錢五千文，化錢九千文。劉純昌施錢壹拾千文，化錢壹拾六千文。梁國賢施錢三千文，化錢五千文。劉丕振施錢三千文，化錢一千二百文。尹升貴施錢六千文，化錢三千四百文。侯起忠施錢三千文，化錢五百文。

本村施錢人：梁國彥施錢五千文，化錢五千文。劉映魁施錢四千文，化錢八千文。尹府春施錢四千文。尹府存施錢四千文，化錢七百文。尹府義施錢四千文。尹德昌施錢四千文。梁國棟施錢三千文。劉慶魁施錢三千文。劉有魁施錢三千文，化錢四千二百文。劉永利施錢三千文，化錢一千四百文。劉晋魁施錢三千文。劉潤芝施錢三千文，化錢三千三百文。劉丕清施錢三千文。尹文亮化錢二千五百文。劉丕陽施錢二千文，化錢一千四百文。尹貴昌施錢二千文。梁國鼎施錢二千文。梁□□□□□文。梁玉榮□□□千文，□□□千文。尹府隆□□一千□。劉富來化錢□百文。高世堂□□□百文，□□七百文。康天茂施□四百文

木匠楊秉忠施錢□□五□。□匠楊開基施錢六百。泥匠：□□增。□青：□□智、□□書秀。鐵匠：程鵬儀，□男鳳岐。

大清光緒十年歲次甲申五月吉立。

於萬斯年

補修本口碑記

余家於中連之南口高同其張村為鄰余賁歲數至焉見其山聚水抱居民藏勞而文者有和下時經之溝渠前因朋塌為志竣村先脈不可膠言候張村之脈於是而未可以鄉僻目之也村之西有渠焉其上為眾水之所趨其風模而愿者有文居之慶蓋天鍾勞於眾水之人等乃竭之人為創修於同治至戊重修於甲子雖時修之理而旦必剝融為愿塊緒重辰又鳳大雨衝壞經理人等乃竭慮揭謙有修巻以安根目于鄰于皆經營之使堅固而其始息幾閱二錢四百除千事畢气余誌其梗概余維君士之道思惠後在礎土皆之不力勢理有所不從防令張村之紳耆防患於未然而防必使老無可防串之意馬是乃為山湛誠意公好義之舉也歷是者不益安享其樂哉後之人苟鐵靜公之志而毋息其防串之念馬是為記

王者
一本
賜祠進士出身五品銜陝西卽用知縣張臨衡郭永

經理有師承縣張本重鄉飲張魁蚰李聲鐘王天敝郭祚起郭

理有師承李萬源李繼同李合昌王為住賓閣賈榮明張賈公好郭功

大清光緒十年歲次甲申林鐘月轂旦

石匠住崔月閒

897. 補修水口碑記

立石年代：清光緒十年（1884 年）
原石尺寸：高 155 厘米，寬 70 厘米
石存地點：晋中市壽陽縣朝陽鎮張村

〔碑額〕：於萬斯年

補修水口碑記

余家於中山之南，曰高岡，其□與張村爲鄰，余嘗一歲數至焉。見其山環水抱，居民繁衍，秀而文者，有和義之風，樸而願者，有安居之慶。蓋天鍾秀於是，而未可以窮鄉僻壤目之也。村之西有渠焉，其上爲衆水之所趨，其下則注之溝澮。前因坍塌爲患，壞村光脉，不可勝言，後乃甃之以石。創修於同治壬戌，重修於甲子。雖時加修理，而恒以剝蝕爲慮。光緒庚辰，又因大雨衝壞，經理人等乃復倡議捐修。甃以石根，自下而上皆經營之，務使堅固而其患始息。凡閱二載，費錢四百餘千。事畢，乞余誌其梗概。余維君子之道，思患務在豫防，防之不力，勢將有所不及防。今張村之紳耆，防患於未然，而防之又防，必使之無可防而乃止，是誠急公好義之舉也。居是土者，不益安享其樂哉。後之人苟鑒前人之志，而毋怠其防患之心焉，是則予之深望也夫！是爲記。

賜同進士出身五品銜陝西即用知縣張鑑衡撰，本村公舉鄉飲耆賓東升郭承暉書。

經理人：耆賓郭承暉、張本重、李萬源、李繼周、貢生即用吏目李道古、郭祚興、李榮魁、□□□□加□知銜李天赦、王爲、季合昌。

住持僧深明。

耆賓閻九功鐫。

石匠：張玉潤、崔蘭芳。

時大清□緒十年歲次甲申林鐘月穀旦。

清（五）

1935

黄河流域水利碑刻集成·山西卷　七

1936

898. 呂金華施地挖池碑記

立石年代：清光緒十二年（1886 年）

原石尺寸：高 156 厘米，寬 54 厘米

石存地點：晋中市和順縣李陽鎮呂家溝村

〔碑額〕：□垂永久

嘗聞開渠活水，鑿石通泉水，固人之所必需，而不能一日無有也。今有和順縣東鄉呂家溝，用水無窮矣。僉曰："此地之水，時有涸澈之虞。"幸有呂金華念其取水艱難，不能濟一村之公用，情願將祖業村之東有棋盤地一畝，不受價，不帶粮，施捨合村，握□一圓。斯何如康□也！我村人不……石以記，以志永久之圖，流芳□計云□。

邑庠生吳邦彥拜撰并書。

施捨善人：呂金華。

經□□：劉守仁、劉懷元、劉喜元、呂根心、段更銀、喬有國、翟保成。

刻石：盧本秀。

大清光緒十二年歲次丙戌三月穀旦。

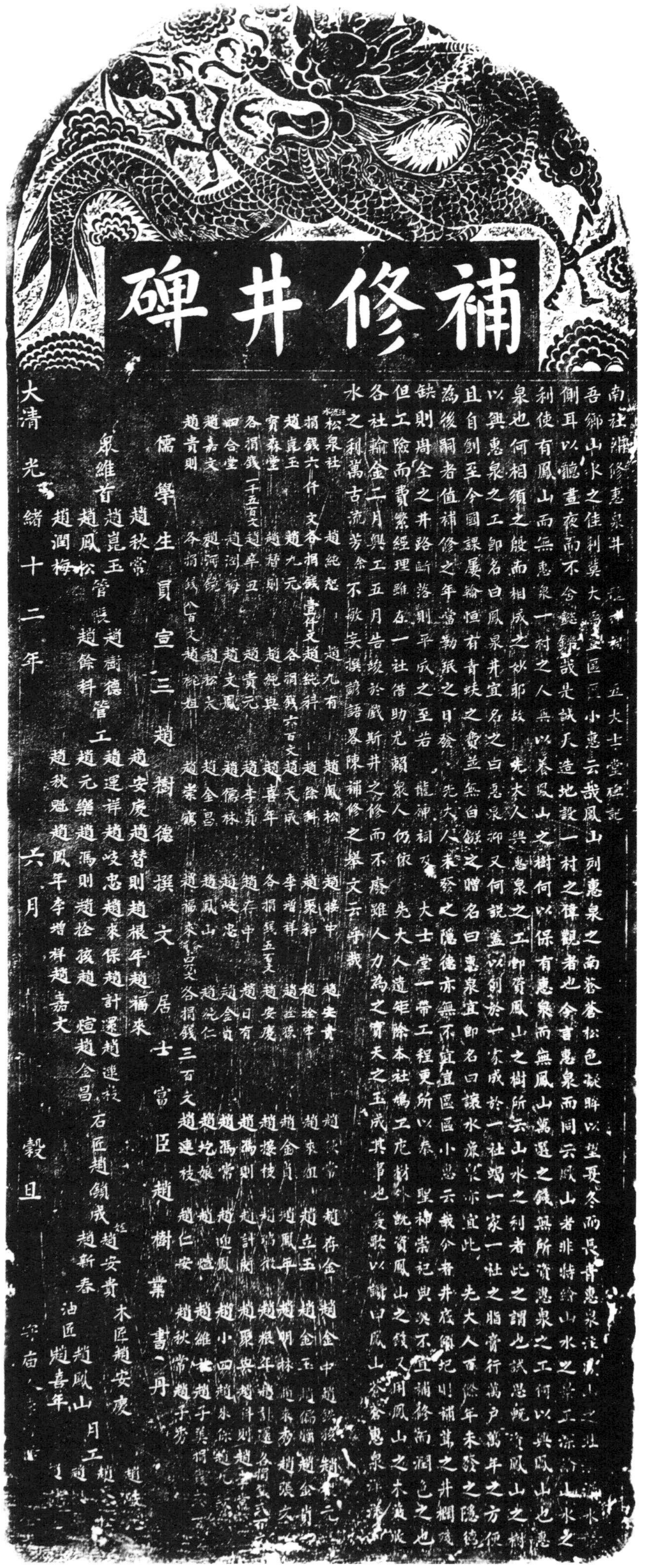

補修井碑

南社補修惠泉井……

大清光緒十二年六月穀旦

儒學生員宣三趙樹德撰文　居士富臣趙樹業書丹

899. 南社補修惠泉井龍神祠五大士堂碑記

立石年代：清光緒十二年（1886 年）
原石尺寸：高 138 厘米，寬 52 厘米
石存地點：長治市壺關縣樹掌鎮樹掌村

〔碑額〕：補修井碑

南社補修惠泉井龍神祠五大士堂碑記

吾鄉山水之佳，利莫大焉，豈區區小惠云哉！鳳山列惠泉之南，蒼蒼松色，凝眸以望，夏冬而長青。惠泉注鳳山之北，□□水□，側耳以聽，晝夜而不舍，懿鑠哉。是誠天造地設，一村之偉觀者也。今言惠泉而同云鳳山者，非特繪山水之景，工深論山水之利。使有鳳山而無惠泉，一村之人無以養，鳳山之樹何以保？有惠泉而無鳳山，萬選之錢無所資，惠泉之工何以興？鳳山也，惠泉也，何相須之殷而相成之妙耶？故先大人興惠泉之工，即資鳳山之樹。所云山水之利者，此之謂也。試思既資鳳山之樹，以興惠泉之工，即名曰鳳泉井宜。名之曰惠泉，抑又何説？蓋以創於一家，成於一社，竭一家一社之脂膏，行萬户萬年之方便。且自創至今，國課屢輸，恒有青蚨之費，并無白鏹之贈，名曰惠泉宜，即名曰讓水廉泉亦宜，此先大人百餘年未發之隱德爲後嗣者。值補修之年，當勒珉之日，發先大人未發之隱德，亦無不宜，豈區區小惠云哉？今者井底傾圮，則補葺之，井欄殘缺，則周全之，井路斷落，則平成之。至若龍神祠及大士堂一帶工程，更所以奉聖神，崇祀典，莫不宜補修而潤色之也。但工險而費繁，經理雖在一社，借助尤賴眾人，仍依先大人遺矩。除本社鳩工庀材外，既資鳳山之錢，又用鳳山之木，兼收各社輸金。二月興工，五月告竣。於戲！斯井之修而不廢，雖人力爲之，實天之玉成其事也。爰歌以贊曰："鳳山蒼蒼，惠泉洋洋。□水之利，萬古流芳。"余不敏，妄撰諺語，略陳補修之舉，文云乎哉。

儒學生員宣三趙樹德撰文，居士富臣趙樹業書丹。

汪流水松泉社捐錢六仟文。趙崑玉、寶森堂，各捐錢一千五百文。四合堂、趙嘉文、趙貴則、趙純恕，各捐錢壹仟文。趙九元、趙替則、趙辛丑、趙潤梅、趙河鏡，各捐錢八百文。趙九有、趙純科，各捐錢六百文。趙純興、趙貴元、趙文鳳、趙松太、趙桃姐、趙鳳松、趙餘科、趙天成、趙喜年、趙李鎖、趙儒林、趙金昌、趙崇鶴、趙接中、趙聚和、李增祥，各捐錢五百文。趙存中、趙岐忠、趙鳳山、趙福來，各捐錢四百文。趙安貴、趙拴牢、趙拴孩、趙安慶、趙日有、趙金鎖、趙純仁、趙□常、趙來姐、趙金貞、趙接枝、趙馮則、趙馮常、趙圪娘、趙連枝、趙存金、趙立玉、趙鳳年、趙瑞徵、趙計蘭、趙迎鳳、趙煊、趙仁安、趙金中、趙金玉、趙明林、趙根年、趙聚興、趙小四、趙維□、趙秋常、趙鐵孩、趙偏□、趙來秀、趙計還、趙科則、趙來保、趙子美、趙子秀、趙□元、趙金鎖、趙張文，各捐錢貳百文。趙李常、趙九□捐錢貳百文。

眾維首：趙秋常、趙崑玉、趙鳳松、趙潤梅。

管帳：趙樹德、趙餘科。

管工：趙安慶、趙運祥、趙元樂、趙秋魁、趙替則、趙岐忠、趙馮則、趙鳳年、趙根年、趙來保、趙拴孩、李增祥、趙福來、趙計還、趙煊、趙嘉文、趙連枝、趙金昌。

石匠：趙鎖成，侄趙安貴、趙新春。木匠：趙安慶。油匠：趙鳳山、趙喜年。月工：趙岐□、趙□□、趙□□、趙□□。

守廟人：李增祥。

大清光緒十二年六月穀旦。

《南社補修惠泉井龍神祠五大士堂碑記》拓片局部

黄河流域水利碑刻集成·山西卷 七

1942

平秋永固

900. 重修龍天廟碑記

立石年代：清光緒十二年（1886 年）
原石尺寸：高 194 厘米，寬 80 厘米
石存地點：晉中市壽陽縣宗艾鎮周家堖村

〔碑額〕：千秋永固

大凡創建之事，莫爲之先，雖美弗著；莫爲之後，雖盛□傳。蓋建立在古昔，而修葺尤貴有今人也。壽邑周家堖舊有觀音祠，至誠感神，有求即應，秉誠告敬，無禱不靈，則村中之父老子弟，無不被其庇蔭者矣。近年來世代云遙，歲時迭易。風以催〔摧〕而雨以淋，墻垣漸以頹墮；雪既侵而日又鑠，金彩固已微茫。廟宇之□復兼之樂樓設使修理無人，不免廢前人已成之局勢，何以使後人踵事而增華？既不能新廟貌，復不能肅觀瞻，固非所以妥神靈而隆祀□也。雖然一鄉之中豈至今而遂無人整飾也哉！由是鄉人會萃議擬，無不至公矣。慮遠智高謀之誠，非不臧矣。特於光緒七年募畫，所及四□，凡樂善好施者，莫不輸誠恐後，共襄厥事。於是計工料、度丈尺，而瞻前顧後，從此而始。修觀音廟，兼以樂樓，均未經改建，特仍舊貫。今之新建者□外土崖廟內鐘樓與碑房、西房，是皆銷碎之功，祇求堅固，無甚顯赫。數月之間已建。至於龍天廟前月臺、石階，以及十字街玄天廟、松樹坡龍王祠、康家溝白衣廟，并無遷移，復加渲染。此中之歲月非不深焉，功力不易盡焉。而有年高德邵者命匠督工，始不敢有初而□終，繼不敢進銳而退速，終不敢半途而竟廢。故業以勤修而精心，即以勉強而奮，而鄉人與匠工同心協力，歷數年而功始告竣。舉向之頹□，視今之經營者，皆煥然一新，燦然可觀矣。是後人之規模，前人開之，而前人之堂構，後人肯之。非鄉里之嚮風慕義，曷克臻此？故爲之立重修碑，以誌不朽云。

附學生員張之晉謹撰并書。

糾首：康永德施銀五十兩，周九鼎施銀三十兩，周僖賢施銀二十兩，周福成施銀十六兩，康以衡施銀十兩，周彥成施銀八兩，尚淩根施銀五兩，周貽德施銀五兩，王義魁施銀五兩，周殿璽施銀四兩，周忠富施銀三兩，周士福施銀三兩，周生緒施銀三兩，周貽訓施銀三兩，周道泰施銀三兩，佾生周受殷施銀一兩，李德憲施銀一兩，周忠吉施銀一兩，康生傑施銀八錢，周敦仁施銀五錢，周事殷施銀五錢，周逢錫施銀五錢。

周貽德同侄鵬鳴施樂樓南地基六厘二毫，王義魁、王正魁施樂樓南小道地基一分二厘，周受殷施榆、棗樹二株，周伊殷施松樹一株。

木匠：劉昌福、潘天佑、康存禮。石匠：王有信。鐵匠：溫俊鴻。丹青：田得滋。雕刻：孫扶正。鐵筆：翟永福。

大清光緒十二年歲次丙戌仲夏六月穀旦。

重修龍王廟碑記

901. 重修龍王廟碑記

立石年代：清光緒十二年（1886年）

原石尺寸：高150厘米，寬60厘米

石存地點：晉中市壽陽縣宗艾鎮尚家寨村

重修龍王廟碑記

鳳山之麓，環而居者八村，祀五龍聖母甚虔。每歲西成之後，必輪流賽獻。距山十五里有尚家寨者，其一也。其人習於古訓，不事浮華，專以勤儉爲務，而獨於事神一節，則有不厭其豐者。蓋風俗敦龐，猶有太古之遺風焉。村之北舊有龍神廟一所，以爲祈風禱雨之處，内祀文殊菩薩像、聖母五龍像，而左右則以增福財神、子孫聖母以及明遠將軍附焉。考之古碣，創建於有明天順八年，彼其時不過規模粗具而已。後於萬曆二十八年，乃移建於村之東南。其地前枕清流，後依峻嶺，佳木葱蘢，望氣者謂獨擅一隅之勝焉。曾於嘉慶七年重葺之。嗣是而後，星霜屢易，棟宇漸摧，廟且傾圮焉，而頹然不治。近年以來，每擬修舉，持緣資斧不給，是以遷延莫就耳。前年春，村之耆老謂因陋就簡，甚非所以妥神靈而肅祀典也。於是糾衆公議，思所修葺，而村人無不踴躍以從之。一時輸財者有人，效力者有人，募化者又有人。爰各鳩工庀材，凡棟楹欄檻之橈腐者易之，黝堊丹漆之漫漶者鮮之，蓋瓦級磚之坍塌者治之。工倕并集，凡廟之内外以及樂樓等無不次第而畢舉矣。垂成之日，諸父老謂囊橐之有餘也，復於廟之東南，建一小閣，閣旁添建下厨三間，遂覺廟之前藩籬四合，而毫無缺陷之弊矣。村東之關帝廟，古刹也，又於神座前立一覆龕。噫！是舉也，何其慮之周密而力之勤勞哉！自乙酉春仲工興，至次年而厥工告竣。董事諸公，囑余爲誌，以示將來。余不敢，以不敏辭。竊思吾邑之民風期古處見義勇爲，誠有足多者，而不意是村之役，又復輸誠嚮應若是，所謂里仁爲美者非歟？今歲秋，又值是村賽獻之期，吾知輻輳而來觀者，必睹廟貌之莊嚴而與余有同慕焉，因滌筆而爲之記。

例授修職郎癸卯科副榜候銓教諭聶元鏞篆額，本邑儒學廩膳生員趙珽撰文并書丹。

大清光緒十二年歲次丙戌菊月穀旦勒。

周澤

歲時紀事反宗錄之同治戊辰冬至後人
有戎馬之驚章未秋淫雨行為士大夫故里庚申初戎塘
而出通省大祲斗粟十錢通雒相望
旱頻勿民不堪命者此必是此神邑西聚氏共甲公礼令甚
捐賑而一縣之中又分神科八義四凡谷賑各為規於是唯
捐且賑延至己卯春朔城發匪未饑俗北迎州縣城堡志
爾省埒人招集壯丁馮城戒備董酌平賑瞻衲狀戒一嘗重
謝賑濟事統計捐賑費項四百餘金拮郊民稍瞻術狀戒一
清縣公忿撫是邦下社會洪太谷州縣奈高昇行不一嘗重
政必行人而行良有以心利民俗本優中困屢固而彫狼
書辭師以王命而期慝厄饑徃恤省與有良類工宜書社舍
而故必旦始終不妄自民為切要三宜書以三宜書不可以
父之書音光緒丁亥六月也

902. 歲時紀事考實録藝殘碑

立石年代：清光緒十三年（1887 年）
原石尺寸：高 114 厘米，寬 58 厘米
石存地點：朔州市朔城區利民鎮利民堡村

〔碑額〕：澤周

歲時紀事考實録藝

同治戊辰冬，大兵入陝，沿途□□。臘初，我堡……有戎馬之驚。辛未秋，淫雨傾盆者七晝夜，扺禾稼，社民居。光緒丁……兩歲，通省大祲，斗粟千錢，道殣相望。而汾平一□，□害尤甚。所……旱頻仍，民不堪命者此也。是歲，神邑凶□較淺，撫憲曾公札令……捐賑。而一縣之中又分神、利、八、義四處，各捐各賑爲規，於是堡……捐且賑。延至己卯春，朔州教匪乘饑倡亂，鄰近州縣、城堡恐……爾時堡人招集壯丁，憑城戒備。量酌辛費，給以度支。及教匪……謝，賑濟停，統計捐賑費項四百餘金，於鄉民稍贍補救。越……濤張公巡撫是邦，下社倉法於各州縣。奈興行不一，籌畫……政必待人而行，良有以也。利民俗本儉樸，因屢困而凋敝。……書。鄉師以王命而賙艱厄，任恤者與有褒獎。二宜書。社倉……而設，必以始終，不至病民爲切要。三宜書。以三宜書不可以……爲之書。時光緒丁亥六月也。

（以下碑文漫漶不清，略而不録）

擬龍子祠重修碑記

康澤王行宮在邑乘昭昭可考然歷年既久風剝雨蝕類多圮漏珠增今昔之感咸豐丁巳同治甲戌兩次大興土木施以勤堊塗以丹藙靚殿宇之輝煌樓閣之巍煥暨廊廡門宇與夫祠前之清音亭規制仍舊整頓一新入其地者自覺別有天地美我一大觀也前人已述之詳矣茲於光緒十二年丙戌冬

龍子禮勝地名區傍山帶水氣勢雄壯風景清和臺榭挿天騾客同游龍之樂雲煙撲地官長輪禱雨之誠灌田十餘萬為一方保障傅流幾千年寶雨縣惠澤金魚池下巍巍峨峨有殿高筶而起者

康澤王殿前捲棚欻然傾頹非急為修葺何以揭虔事神仰副

國家崇祀之典奈時屆嚴冬事未果舉至丁亥春二月邀集臨裏十六河渠長督工量功度賢鳩工庀材先建

康澤王殿前捲棚三閒次及獻庭後蒼五閒又次後廊六閒二門眷厦穿漏者補修之棟橈柱桷蓋瓦級賴廚者易之以堅舊者更之以新順錢繪彩靡不完固雖未能如昔日之盛亦足以妥川靈而肅觀瞻工跣竣爰勒諸石特志其典事之顛末云是為記

例授登仕郎翰林院待詔廩生張衡撰文

郡庠優行廩生郭雲龍書丹

皆大清光緒十三年歲次丁亥荷月穀旦立

903. 擬龍子祠重修碑記

立石年代：清光緒十三年（1887年）

原石尺寸：高177厘米，寬62厘米

石存地點：臨汾市堯都區金殿鎮龍祠村龍子祠

擬龍子祠重修碑記

龍子祠勝地名區，傍山帶水，氣勢雄壯，風景清和。臺榭插天，騷客同游觀之樂；雲烟撲地，官長輸禱雨之誠。灌田十餘萬，爲一方保障，傳流幾千年，實兩縣惠澤。金魚池下，巍巍峨峨，有殿高聳而起者，康澤王行宮在焉，載在邑乘，昭昭可考。然歷年既久，風剝雨蝕，類多圮漏，殊增今昔之感。咸豐丁巳、同治甲戌，兩次大興土木，施以黝堊，塗以丹膲。睹殿宇之輝煌，樓閣之巍煥，暨廊廡門宇與夫祠前之清音亭規制仍舊，整頓一新。入其地者自覺別有天地，美哉一大觀也，前人已述之詳矣。茲於光緒十二年丙戌冬，康澤王殿前捲棚欻然傾頹，非急爲修葺，何以揭虔事神，仰副國家崇祀之巨典？奈時屆嚴冬，事未果舉。至丁亥春二月，邀集臨、襄十六河渠長、督工，量功度費，鳩工庀材。先建康澤王殿前捲棚三間，次及獻庭後檐五間，又次後廊六間，二門脊厦穿漏者補修之。棟楹宋桷、盖瓦級磚，腐者易之以堅，舊者更之以新。雕鏤繪彩，靡不完固。雖未能如昔日之盛，亦足以妥神靈而肅觀瞻。工既竣，爰勒諸石，特志其興事之巔末云。是爲記。

例授登仕郎翰林院待詔蔭生張衡撰文，郡庠優行廩生郭雲龍書丹。

時大清光緒十三年歲次丁亥荷月穀旦立。

904. 重修下橋序

立石年代：清光緒十三年（1887 年）

原石尺寸：高 46 厘米，寬 58 厘米

石存地點：運城市夏縣埝掌鎮上馮村

余庄北部深溝之間，舊有土築橋梁二孔，上曰徒杠，下曰興梁。其創始也渺無確據，其重修也□有明證。自修後至今，歷年未久，屢遭暴雨，而下橋又沖塌焉，則凡往來車輿險阻難通矣。於是村中耆老共相商議，僉曰："見幾而作，無後患也。"歲值丁亥，山方空利，選首人興版築。下砌堅石防水患而無憂，上設棚木，期永固之不朽。至於一切化費，使財神廟官銀壹兩陸錢餘，使水甲上官銀伍兩，又賣官樹獲銀叁兩有奇。初旬興工，下旬告竣。夫而後此往彼來，駕香車而蕩蕩，南通北達，瞻周道而年平。猗歟休哉！真不愧善繼而善述也。爰勒貞珉，昭茲來許。

本莊後學吉星馬學謙撰文并書丹。

（經理人、神首等花名漫漶不清，略而不錄）

大清光緒十三年歲次丁亥臘月上浣穀旦立。

清（五）

千古不朽

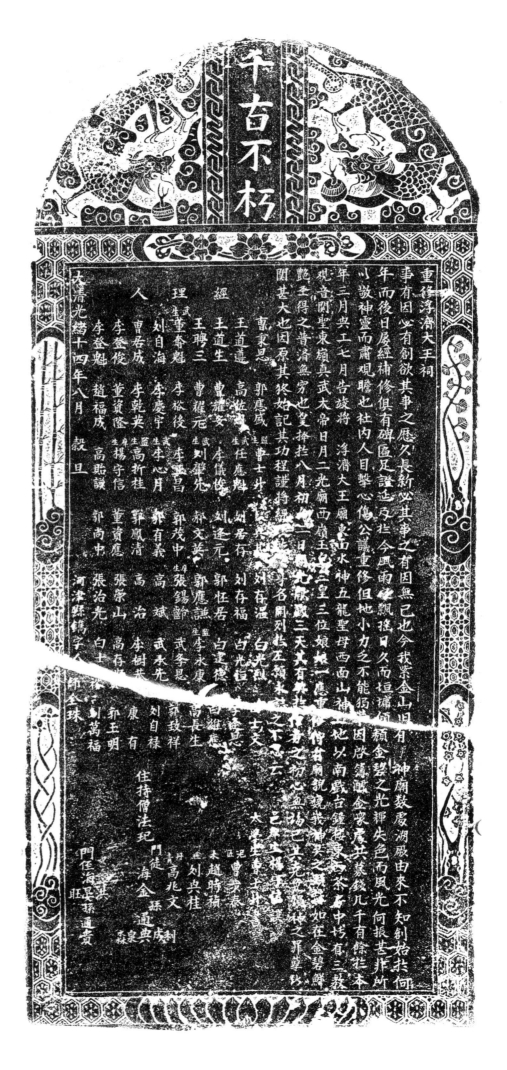

重修浮济大王祠

事有因必有创欲其事之应久长新必其事之有因无已也今我紫金山旧有
年而後日屡经补修俱有碑区足证述及拕今风雨飘摇日久而垣墙倾颓
以敬神灵而肃观瞻也社内人目击心伤公议重修但地小力之不能够
年三月兴工七月告竣将……浮济大王愿彖山水神五龙圣母西面山神
观音阁东岭真武大帝……一先庙西额王……二皇三位娘娘一应重
艳……圣得之普济无穷也因原其始……将……记其功程谨将
闗甚大也因原其……记其功程谨将

理 王道进 高桂姿
经 董奮魁 曹耀元
人 刘自海 李锋元 李举先
　曹春成 李乾英 李心月
　李登俊 董资隆 郭茂中
　李登魁 扬守信 张锡龄
　赵福成 高贻谦 李永康
　李魁 张棠山 高长生
　　 白玉武承先 刘自禄
　　 白光恒 致祥 曹蒙泰
　　 白光烈 刘存福 赵时福
　　 古文 郭有义 康有
　　 　 刘逢元 郝文英

大清光绪十四年八月　穀旦

河津县镌字人　邵金珠
门徒海昂　蒜通贵
门徒海金　通典
住持僧法起
高兆文

905. 重修浮濟大王祠

立石年代：清光緒十四年（1888年）

原石尺寸：高162厘米，寬70厘米

石存地點：呂梁市臨縣城關鎮甘草溝村浮濟廟

〔碑額〕：千古不朽

重修浮濟大王祠

事有因必有創，欲其事之歷久長新，必其事之有因無已也。今我紫金山旧有神廟数處，溯厥由來，不知創始於何年，而後日屢經補修，俱有碑區足證。延及於今，風雨之飄搖，日久而垣墉傾頹，金碧之光輝失色，而風光何振？甚非所以敬神靈而肅觀瞻也。社内人目擊心傷，公議重修，但地小力乏，不能獨□，因啓簿釀金，衆處共募錢几千有餘。於本年三月興工，七月告竣。將浮濟大王廟東面水神、五龍聖母，西面山神、土地，以南戲台、鐘楼，東西茶房，中括有三教、觀音、關聖，東嶺真武大帝、日月二光廟，西嶺玉皇、三皇三位娘娘，一應重修。俾古廟貌巍峨，神靈之顯赫，如在金碧鮮艷，圣得之普濟無窮也。爰擇於八月初二日開光，献戲三天。其有□於信者之初心，無論已其克免，侵神之罪孽，所關甚大也。因原其終始，記其功程。謹將經理、施財尊名開列於左，願永誌之不忘云。

邑庠生楊守信撰，太學生曹士升書。

經理人：曹秉恩、王道遵、王道生、王聘三、武生董奪魁、刘自海、曹居成、李登俊、李登魁、郭應盛、高佐國、曹耀安、曹耀元、李裕後、李慶宇、李乾英、董資隆、趙福成、監生曹士升、武生任應魁、李儀俊、武生刘肇先、李玉昌、武生李心月、監生高折桂、庠生楊守信、高貽謨、趙興其、刘居存、刘逢元、郝文英、郭茂中、郭有義、郭鳳清、董資應、郭尚中、刘存温、刘存福、郭怀居、郭應謙、庠生張錫齡、高斌、高治、張崇山、張治光、白光烈、白光恒、白建德、監生李永康、武學恩、武承先、李樹恭、高存賢、白士裕、白士文、李逢恩、白維應、高長生、郭致祥、刘自禄、康有、郭玉明、刘萬福。

住持僧法圮，門徒海金，孫通利、通成、通典、通泉、通森，門侄海洪、海晏、海旺，孫通貴。

泥匠曹步泰，木匠趙時禎、劉興桂，丹青高兆文。

河津縣鐫字人師全珠。

大清光緒十四年八月穀旦。

906. 立閤村公議新開水道記

立石年代：清光緒十四年（1888年）
原石尺寸：高42厘米，寬63厘米
石存地點：呂梁市離石區田家會街道蘇家村

立合村公議新開水道記

我□□村地土雖係平原，耕種皆屬旱塌。本村張玉文、張玉雄、張文俊、陳世福等，因聚有平地之人，又公議新開水道。衆人聞議，莫不樂欲開渠浚水，改種水地。所慮者在荆家村界内鏵□地内起水，一開此渠，即傷此地。況此地非本村置到，乃係田家會任大亨地十畝，認粮六錢。經理人向任姓借地開渠，任姓即知此爲一村之善事，慷慨直言，情願施□我村龍天神前，以便我村開渠耕種。地内粮草亦屬我村完納，日後與任姓毫不相干。是以興工創作。水及時而至流田園，得以灌溉禾苗，遂能浡興。但有花費銀錢，按水地公攤。此時農人獲其厚利，工程亦屬告竣，合村人等願立石刻名，以垂不朽。

郡庠生員任大栃謹撰并書。

經理人張文俊、張玉文、張玉雄、陳世福、陳應年、張玉財、張玉禄、張希程、劉佩喜、辛盛文、康金、劉佩富、劉進元，同立。

大清光緒十四年十月初一日立。

清
（五）

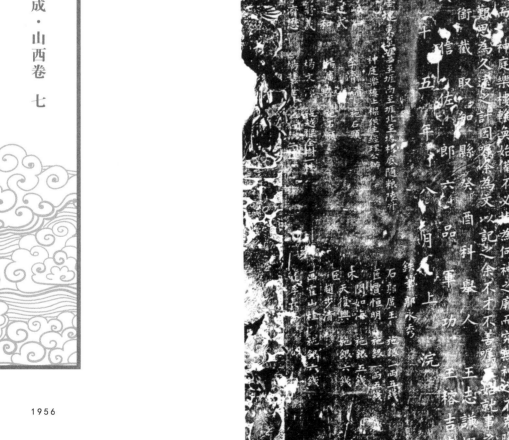

新建諸神廟碑記

907. 新建諸神廟碑記

立石年代：清光緒十五年（1889 年）
原石尺寸：高 170 厘米，寬 74 厘米
石存地點：晋中市壽陽縣温家莊鄉楊家溝村

新建諸神廟碑記

盖聞大而化之之謂聖，聖而不可知之謂神。神者厥靈有感而實，其化無方也。楊家溝舊有觀音堂、龍王廟一楹，久爲春秋祈報之地。但基址卑污，規模狹小，且加以風侵雨蝕，勢難久支。爰集村衆相商，欲得一洪廠之區，以爲聖神供給之所。維時即有某某施地基，某某捐木石，某某措資財，某某勤募化。於是鳩工庀材，幸棟梁之勝，任龍盤偶兆，訝柱石之多奇。然其料雖儲，厥工頗巨。以人多□雜，戶少力微，不旋踵而變生，半途事將中止。無奈執事諸人躊躇幾費，乃俾村之善良輩業農者傭工助之，經商者稱貸益之。賴衆志之堅，歷三年之久，而神庭樂樓輪奐始備。不必指爲何神之廟，而究無神之不克降福於兹也。功竣，董事諸公以其創造之艱，思爲久遠之計，因囑余爲文以記之。余不才，不善囑文，姑就事之始末略□云爾。

欽加同知銜截取知縣癸酉科舉人王志謙撰，例授武信佐郎六品軍功王榕吉書。

楊樹業男廣德施地基壹塊，東至崖、西至崖、南至崖、北至堵根底，隨粮陸升。會荼李財威。神庭樂樓上梁供主經理公辦。經理：魏長魁、楊萬吉、李勤書、魏來金、李財恒下處上梁供主、李岐山、李廷武、李廷和、楊舒義、李濟懋。李濟清、李濟瀛施石頭。楊廣元、楊廣泰、楊廣興施石頭。楊文深施越梁全樹一株。楊鰲□施楊樹二株。

鐵筆：郭永秀。

石匠：郭廣玉施銀一兩五錢，賈恒明施銀一兩五錢。

木匠：閆如海施銀五錢、天復興施銀六錢、趙步清。

画匠：霍山桂施銀六錢、李長春。

大清光緒十五年八月上浣勒石。

908. 勒馬溝移建龍王廟碑誌

立石年代：清光緒十五年（1889 年）
原石尺寸：高 144 厘米，寬 54 厘米
石存地點：朔州市朔城區利民鎮勒馬溝村廟

〔碑額〕：碑誌

蓋聞風雨調和，而後人民豐足，廟宇齊備，而後神靈有感，否則無以慰民願而壯觀瞻也。勒馬溝村舊有龍王廟，在此北高丘間。奈年遠日久，風雨飄零，墙垣頹委，廟廊破壞，有不能不補葺者，復因丘墟窄狹，誠難重整舊址。爰有鄉耆杜光滏等，乃糾合村人，共襄聖事。移廟於丘之下，取其地勢平坦，且在當村，堪保永固。乃券廟窑三間，居龍王於中，以馬王於東，土地於西而配之焉。且移樂樓，爲求座向咸宜，神人共悦。至於彩畫神像，以及廟之廊檐、磚瓦、木石、土工、油刷等事，亦煥然一新，庶乎盡善矣。迄今大工已竣，堪爲刊石誌銘，以表經理者屢年勤勞，以冀後之繼爲整修者勛力云爾。謹誌。

朔州儒學增廣生員蔚支辰薰沐敬撰，朔州儒學廩膳生員杜述曾薰沐敬丹。

議序杜希曾施錢五百文，監生杜松林施錢九百文，佾生杜夢曾施錢九百文，蔚泰和施錢九百文，蔚有祥施錢五百文，杜栢林施錢九百文，杜長林施錢九百文，施丕約施錢五百文，日省堂施錢一千文，杜懷曾施錢五百文，姚煥施錢一千文，王世然施錢五百文，蔚有禎施鐵五百文，姚悦施鐵五百文，姚恒施钱五百文。

經理：鄉耆杜光滏。石工：郭继□。

大清光緒十五年中秋月……

909. 重修龍王廟碑記

立石年代：清光緒十六年（1890 年）

原石尺寸：高 125 厘米，寬 53 厘米

石存地點：晉中市左權縣麻田鎮西崖底村龍王廟

〔碑額〕：重修

莫爲之前，雖美而不彰；莫爲之後，雖盛而弗傳。是前須後而後須前，前後相須，以垂後世遐久之功。如我西崖底村有龍王庙一所，前設樂台以及厦棚之頹，但世久遠，木落橡飛。村人不忍廢墜，糾合社而興工焉。造其台也，昔窄狹而今改廣大；築其基也，前亂石而後易工石，然後……可觀也。至於樂施者，不私其有；效工者，不餘其力。他方君子亦有所助。雖出重修，實重修中之創修矣！

平順鄉□治村張子寬撰書。

（以下布施人名因漫漶不清，略而不録）

一切花費，按地畝捐錢。

玉工：白家保。木匠：張更九。泥匠：刘連珠。丹青：曹光輝。陰陽生：高喜泉。

大清光緒十六年閏二月十一日，合社人同立石。

从来前人之创造原望后人之补修后人无负前人之善意如我霍州东乡杜庄村古有
唐帝庙一座其神至灵其功至广其默佑我村也老少男女无人不沾其水泽今苟朝额貌
能忽然於心者也因之大社杜总与村中年迈之人和同商议並无一人不欲成其事於是二月兴工将正殿
子四大将军在右侍身一概金粧又有东殿杜公祠西殿龙王神俱复重新其馀大殿月臺东西瓦房正南乐臺东南
大门西南马棚往来便门盡皆五彩彰施一一粉飾七月告竣同心协力煥然满庙重光然於村中撥人工壹百七十七名
车工九拾八輛亦必载之琇珉共计费钱六百壹千有馀但村中窮苦財用不足因请四方好義之賢士並省府州县之仁者
及本村積等之家水溝之次各輪已囊共成盛事俾後之覽者廢幾明如日月煥若星辰以誌芳名於不朽云

儒 學 生 員

部 士 子

元 颺

撰 文 書 丹

成元繡

成全德

成德化

成紹曾

馬學文

成斌曾

成文熙

成材先

成含英

馬天榮

紅首

香總

成殿斌 如殿寅

成維寅 紹鑑 如蘭 貴貴

村監

成芳生榮 森煥亮 英 紹基湯

紹開法曾

輪流督工

成文安 成思明 馬玉成 成樹蔚 成樹穩 成錦秀 成文精 成佩曾

大清光緒十六年歲次庚寅歲春上旬吉日

敬立

910. 杜莊村重修唐帝廟碑記

立石年代：清光緒十六年（1890 年）

原石尺寸：高 162 厘米，寬 70 厘米

石存地點：臨汾市霍州市三教鄉杜莊村

從來前人之創造，原望後人之補修，後人之補修，無負前人之美意。如我霍州東鄉杜庄村，古有唐帝廟一座，其神至靈，其功至廣，其默佑我村也，老少男女無人不沾其水澤。今者廟貌頹矣，神色淡矣，末等目睹焉，實有不能恝然於心者也。因之大社香總、村監與村中年邁之人和同商議，并無一人不欲成其事。於是二月興工，將正殿唐帝天子、四大將軍、左右侍身一概金妝。又有東殿杜公祠，西殿龍王神，俱復重新。其餘大殿月臺、東西瓦房、正南樂臺、東南大門、西南馬棚、往來便門，盡皆五彩彰施，一一粉飾。七月告竣。同心協力，煥然滿廟重光。然於村中撥人工壹百七十七名，車工九拾八輛，亦必載之貞珉。共計費錢六百千有餘。但村中窮苦，財用不足，因請四方好義之賢士，并省府州縣之仁者，及本村積善之家、水溝之人，各輸己囊，共成盛事。俾後之覽者，庶幾明如日月，煥若星辰，以誌芳名於不朽云。

儒學生員郭子飀施錢叁佰文撰文，成士元施錢叁千文書丹。

糾首：成文綉施錢壹千文；成全德施錢壹千文；成德化本年總管，施錢八百文；成紹曾施錢壹千文；成效曾本年香總，施錢貳千文；馬學文本年香總，施錢貳千文。

管賬：成文熙本年總管，施錢壹千伍百文；生員成士光本年總管；從九成含英施錢壹千伍百文；成生彥本年村監，施錢伍百文；馬天榮本年村監，施錢伍百文。

香總：成如蘭施錢貳千文；耆士成紹貴施錢壹千文；從九成維鑒施錢肆千伍百文；成殿寅施錢貳千文；成如斌施錢伍□文。

村監：成紹湯施錢四百文；成煥基施錢壹千文；成森亮施錢伍百文；成芳英施錢壹千文；成生榮施錢壹千伍百文；成紹開施錢伍百文；成法曾施錢壹千文。

輪流督工：成佩曾施錢壹千文；成文精施錢八百文；成錦秀施錢叁百文；……成樹穩施錢伍百文；成樹蔚施錢壹千伍百文；馬玉太施錢壹千文；□□□□籍成文成施錢貳千文；成思明施錢壹千文；成文安施錢伍百文。

大清光緒十六年歲次庚寅季春上旬吉日敬立。

萬世永賴

重修玉皇廟龍王祠碑記

蓋聞人之生理載於道之夫原出於天惟天生人惟人永天而其間裁成輔相頒則有大而化之之聖微則有化而不可知之之神

...

大清光緒十六年歲次庚寅十月穀旦

911. 重修玉皇廟龍王祠碑記

立石年代：清光緒十六年（1890年）

原石尺寸：高170厘米，寬69厘米

石存地點：晋中市壽陽縣溫家莊鄉朱家溝村

〔碑額〕：萬世永賴

重修玉皇廟龍王祠碑記

蓋聞人之生理載於道，道之大原出於天。惟天生人，惟人承天，而其間裁成輔相，顯則有大而化之之聖，微則有化而不可知之之神。然而焄蒿凄愴，渺莫見聞；俎豆馨香，聿伸妥侑。此《周官》六職宗伯所以重祀典之之司也。距壽雉北半舍餘里有村名朱家溝，其山脈自神蝠而來，背依峻嶺，前抱清流，左蹲石虎之岫，右挹白馬之津。俗重農桑，人嫻禮讓，熙熙乎，洵稱里仁為美也。建廟於山之麓，尊祀玉皇諸神，雲繪三清佛像，因以三清名社焉。考之舊碣，於康熙、嘉慶間重修三次。歲月浸深，風霜剝蝕。鄉之紳耆，公議修葺，僉以為可。於是鳩工庀材，腐橈者易之，缺陷者補之，罅漏者治之，漫漶者鮮之。正殿兩廊，經營完固；靈官黑虎，法像莊嚴。鐘鼓亭各有更張，演劇樓倍增壯麗。左城右平，齒階矗矗；鉛金塗碧，氣象森森。以及龍王、觀音、五道諸廟，并皆興工力繕。凡三易裘葛，全工告竣。是舉也，共募銀若干兩，社中按地攤錢，隨丁派役，輸金輸力，踴躍爭先，故費逾千緡而度支未嘗或絀。村人之急公好義，於此可概見矣。雖然，余竊有厚望也，使村之人充此善量，因集事而悟道，由悟道而達天，將見厚生正德，足召神人以和之庥，豈不懿哉！是為記。

吏部揀選知縣戊子科舉人霍瑞椿撰文并篆額，儒學優行廩膳生員張儒敬書丹。

功德主：會茶朱受褒、例貢生朱受爵、朱光明、朱周通、朱秉儒、朱玉堂、朱玉鏈、朱錫海。

總經理糾首：朱周慶、朱祥雲、朱占鰲、朱周德。

經理糾首：朱周錦、朱郁彬、朱玉寶、朱郁勝、朱玉鼎、朱繪文、朱受褒、朱玉銀。

石匠：賈恒明、郭廣玉、趙全。

瓦匠：溫璧印。

丹青：朱郁彬、潘添文。

獸匠：張有全。

本村朱玉藻鐫字。

木泥匠：趙步清、天盛茂、二合公、朱周慶、朱玉銀。

鐵匠：杜全梅、張映彩、朱玉衡。

泥匠：朱祥雲。

鐵匠：朱玉慶。

大清光緒十六年歲次庚寅十月穀旦勒。

重修油神庙碑记

条山之北沃饶而近临盐池又北为神祠建以财资育利裕国课

后应有增修详载盐法志注

国朝雍正五年临使朱公重修之乾隆四十八年复重修焉

神之嘉惠无穷也易稽

鸿州之起矣第春秋废易荟洗更上下五十余年间风摇雨沌栋折梁欹日渐月磨勋塑剥蚀

念庙貌之荟焕实

寔夫河恐久将是荡诸……往经费……为各绅育十五年九月告成其……始於光绪十五年九月告成……

七年四月朽者易之缺者补之……神灵呵眠惟庙是……

雨时赋若高原冷不使解温……力亦必兄体国临民之至意也夫……

天成坊庙左右……

宝天成坊庙名盛大将雨师庙……

山风洞名最大场雨师庙……

神灵……洞……

开……三省民食借赖……豊稔慈为……

宝……池为三省民食……

二品衔分守山西河东兵备道兼管山陕河南三省盐法道……

候选儒学训导 崔馨桐书丹

恩贡生李春芝撰文

督工

神耶选青

李春芝

绅李福顺

坐亭王恒盛

况子恩德

士朱景百人

商瞿全成

经理人路举翰

作打道人赵理性……

光绪十七年岁次丁卯中秋望立

912. 重修池神廟碑記

立石年代：清光緒十七年（1891 年）
原石尺寸：高 220 厘米，寬 80 厘米
石存地點：運城市鹽湖區鹽池神廟

重修池神廟碑記

條山之北，沃饒而近鹽爲鹽池。又北爲神祠，殖民財，資商利，裕國課，神之嘉惠無窮也。粵稽神廟建自盛唐，粗基門宇，傳之累代□□□□□後歷有增修，詳載《鹽法誌》。迨國朝雍正五年，鹾使朱公重修之；乾隆四十八年復重修於沈公；越道光十有三年夏，又重修於旦公，鳩工庀材，鴻規大起矣。第春秋屢易，寒暑迭更，上下五十餘年間，風搖雨灑，棟楹幾見滲漓；日漸月磨，黝堊胥徵黯淡。會我觀察邁公來蒞是邦，興廢舉墜，念廟貌之巍焕，實靈爽所憑依。於是商諸監憲張公并場廉局員，籌經費畫規，爲諭紳商督工役。經始於光緒十五年九月，落成於光緒十七年四月。朽者易之，缺者補之，漫漶者整之。若神殿，若香亭，若樂樓，若廊廡，檼題黜□，文以綠朱，階陷嶙峋，裹以藻繡。廟前海光樓、歌薰樓、地寶天成坊，廟左右關帝、條山、風洞各殿，太陽、雨師廟以迄甘泉、土地祠，無不次第修舉。雲楣繡棟，上辯華以交紛；雕楹玉碣，下刻□具若削。蔚然焕然，嗚呼盛矣！夫河東鹽池，爲三省民食攸關，而歲收之豐稔，悉爲神靈所貺。惟廟瞻壯麗，神來宴娛，然後獻精誠肅對越也。异日者，雨時暘若而灾沴不侵，解愠阜財而商民樂利。將見虎鹽産於歲歲，駿惠沛乎人人，未始非此舉之力，亦以見體國恤民之至意也夫。是爲記。

六品銜國子監典籍候選復設教諭恩貢生李春芝撰文，候選儒學訓導附貢生崔蔭桐書丹。

欽加二品銜賞戴花翎分守山西河東兵備道兼管山陝河南三省鹽法道邁拉遜重修。

督工紳士：郭選青、李春芝、朱文燦、景百人。

坐商：李福順、王恒盛、姚長盛、翟全盛。

經理人：荊觀德、路肇翰。

木工：王學恭。

泥工：李長盛、李萬盛。

油工：皇甫寬。

石工：寧若武。

住持道人趙理性，徒侄王宗福。

光緒十七年歲次辛卯中秋既望立。

913. 龍王廟碑

立石年代：清光緒十七年（1891 年）
原石尺寸：高 100 厘米，寬 50 厘米
石存地點：呂梁市柳林縣柳林鎮王家山村

〔碑額〕：永垂不朽

余觀夫興雲布雨、神化不測，海內之地民被其澤者咸知龍之爲靈昭昭也。我郡西三十里許西龍王堂，地勢清幽，諸峰峙列，翠柏參天，蒼松蔽日，舊建龍王、洞主、山神、土地、龍眼，但歷年久遠，風雨摧殘，神宮坍塌。合社經理等重修補葺，煥然一新。欲勒石垂銘，屬余作文以記之。姑就事之終始，略序其大概云。

郡庠生車相清薰沐謹撰，學生石匠伍秀椿書。

泥木匠侯德壽施錢二千，泥匠高陞雲施錢五百，丹青張吉昌施錢一千。

經理人：喬興旺一千二，馮恩恭一千二，任德根二千四，馮建禹二千四，杜秉財一千二，馮澤玉一千二，梁生治一千二，杜引全一千三，梁振富一千二，郭懷祥一千二，于秉立六百，王守心一千二，馮萬昌一千二，張榮富六百，馮丕富六百，郭乃富六百，楊世榮六百，李貴云六百，喬德有六百，賀士德六百，杜綱云六百，喬玉良六百。

住持：白成大。

大清光緒十七年八月二十六日立。

清（五）

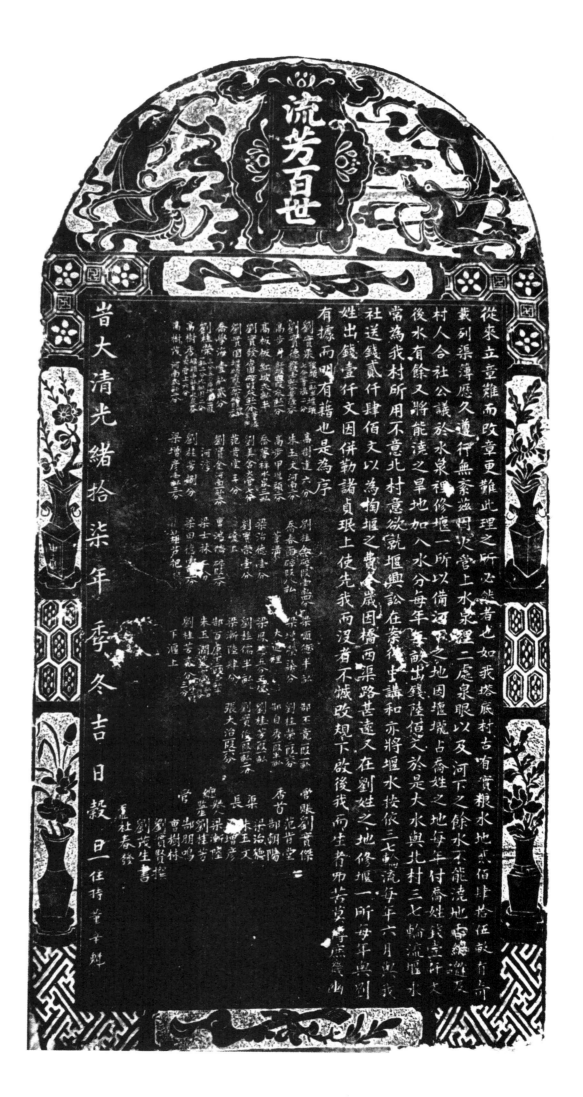

914. 塔底村修堰碑記

立石年代：清光緒十七年（1891 年）

原石尺寸：高 112 厘米，寬 55 厘米

石存地點：臨汾市霍州市辛置鎮塔底村龍王廟

〔碑額〕：流芳百世

　　從來立章難而改章更難，此理之所必然者也。如我塔底村，古有實粮水地貳佰肆拾伍畝有奇，載列渠簿，歷久遵行無紊。茲因火管上、水泉裡二處泉眼，以及河下之餘水不能澆地，香總邀及村人合社公議，於水泉裡修堰一所，以備河下之地。因堰壟占喬姓之地，每年付喬姓錢壹仟文。後水有餘，又將能澆之旱地加入水分，每年每畝出錢陸佰文。於是大水與北村三七輪流，堰水常爲我村所用。不意北村意欲就堰興訟在案。從中講和，亦將堰水按依三七輪流，每年六月與我社送錢貳仟肆佰文以爲掏堰之費。今歲因橋西渠路甚遠，又在劉姓之地修堰一所，每年與劉姓出錢壹仟文。因併勒諸貞珉，上使先我而沒者不憾改規，下啓後我而生者弗苦莫傳，庶幾幽有據而明有藉也。是爲序。

　　劉實賢撰，劉茂生書。

　　（總管、香首、渠長芳名略而不錄）

　　石匠杜春發。

　　住持董辛魁。

　　時大清光緒拾柒年季冬吉日穀旦。

流芳百世

板級村北古有關帝諸神廟宇一座南有　　　　文昌帝君廟宇一座東有龍王諸神廟宇一座剏

始於嘉慶九年重修於咸豐五年　神賜其惠民被其福要皆所以與地脉而蔚人文者也但年固於

涼日遠蔚貌不無暗晦之形風飄雨零　神宇不免毀壞之虞村人等有一為遇情若難安固於

是年春集眾商議將諸廟　神宇重加修葺矮舊換新墻垣繼長增高而邊瓦房以蔽祭祀

之所復為整理三處于　神位以瞻巍巍之永靡不壯觀由是廢者增而補如是崔者善為固

馬森森奇歟休哉真一方之保障也夫何一邑力微欲擧大業猶難支拆端頼四方仁人各捐

已橐共襄盛舉綱計本村外村共襄布施錢一百十有奇復合大家列家共起地敏錢六百十千若

干功戌隔守以撰斯文善集勒碑以誌不朽云爾

儒學廩膳　　張廷樞 撰

張延樞 書

大清光緒二十八年桃月吉旦合社公立

915. 板級村修廟碑記

立石年代：清光緒十八年（1892 年）

原石尺寸：高 150 厘米，寬 59 厘米

石存地點：臨汾市霍州市李曹鎮板節村

〔碑額〕：流芳百世

板級村北古有關帝諸神廟宇一座，南有文昌帝君廟宇一座，東有龍王諸神廟宇一座，創始於嘉慶九年，重修於咸豐五年。神賜其惠，民被其福，要皆所以興地脉而蔚人文者也。但年深日遠，廟貌不無暗晦之形，風飄雨零，神宇不免毁壞之虞。村人等目一爲遇，情若難安，因於是年春集衆商議，將諸廟神宇重加修葺。椽瓦弃舊換新，墙垣繼長增高，两邊瓦房以供祭祀之所，復爲整理三處神位，以瞻巍峨之形，靡不壯觀。由是廢者增而補，如是往者善爲因。煌煌焉，森森焉，猗歟休哉！真一方之保障也。夫何一邑力微，欲舉大業，獨難支持，端賴四方仁人，各解己囊，共襄盛事。總計本村、外村共來布施錢一百千有奇，復合大家小家，共起地畝錢六十千若干。功成，囑予以撰斯文，善集勒碑，以誌不朽云爾。

儒學廩膳生張廷楹撰書。

十七年社首：曹永昌施錢一千五百文；郝善文施錢一千二百文；郝永昌施錢一千文；郝永文施錢三千文；郝永先施錢三千文；王時興施錢一千文。共募化錢叁拾千文。

十八年社首：劉行□施錢一千文；郝善武施錢一千文；郝春澤施錢一五百文；郝善俊施錢三千文；郝善德施錢一千五百文；曹永文施錢一千五百文。共募化錢叁拾千文。

（以下碑文漫漶不清，略而不录）

大清光緒十八年桃月吉旦合社公立。

建堤碑記

且天下事能豫防於未□之前不至有積重難撥之虞此築堤護
廟之舉所以興也距邑西二里許西崖辰村虎麓古廟一座
廟下河水縈帶每遇雨集水勢洪派廟下基址漸漬損若不築
堤護廟廟將摧崩向以樓神於是村中交耆策水勢未至之時為
思患豫防之計協同紅里各輪己資備取鄉鄰之助鳩集工役之
勤構壘壘之坝糧森森之朱而堤於是乎成焉廟於是乎固焉將
勒石垂銘屬予作文以記之姑就其事序其大概云

郡庠生車楷清薰沐謹撰并書

大清光緒十八年歲次壬辰三月穀旦立

916-1. 建堤碑記（碑陽）

立石年代：清光緒十八年（1892 年）
原石尺寸：高 128 厘米，寬 57 厘米
石存地點：呂梁市離石區鳳山街道西崖底社區

〔碑額〕：建堤碑記

　　且天下事能豫防於未毀之前，不至有積重難擎之慮。此築堤護廟之舉，所以興也。郡西三里許西崖底村虎麓寺，左有古廟一座。廟下河水縈帶，每遇雨集，水勢洪漲，廟下基址漸漬損剝。若不築堤護廟，廟將摧崩，何以栖神？於是村中父老乘水勢未至之時，爲思患豫防之計，協同經理。各輸己資，博取鄉鄰之助，鳩集工役之勤，構壘壘之壩，植森森之木。而堤於是乎成焉，廟於是乎固焉。將勒石垂銘，屬予作文以記之。姑就事之終始，略序其大概云。

　　郡庠生車相清薰沐謹撰并書。

　　大清光緒十八年歲次壬辰三月穀旦立。

916-2. 建堤碑記（碑陰）

立石年代：清光緒十八年（1892年）
原石尺寸：高128厘米，寬57厘米
石存地點：呂梁市離石區鳳山街道西崖底社區

〔碑額〕：永垂不朽

經理糾首：趙温和施錢三千六百；趙榮祥三千；趙榮禎三千；趙懷□三千；馮建□三千；趙惟義二千四；張成宣、張志武、趙箱屏、趙樹壇、趙家修、趙樹梧、張德福，各施錢二千；趙恩平二千四；馬成倉、張維藩二千；從九張志忠二千；趙樹城千二；趙立仁千二；張樹本一千；王成元一千；馮成忠一千；趙水年、趙懷林、張德金、趙温元、張聚思、張樹培、張志誠一千五；張志德一千五；趙樹新、趙□昇、楊應德、李光增，各施錢一千二；馮□槐、馮道亨、趙金良、趙晨榮、趙立義、趙文才、趙治元、趙懷心、趙懷禮、趙殿忠、趙萬銀、趙樹桐、趙八八、趙榮富、趙喜花、趙維城、李存起、張志性、張九義、張九思、張樹槐，各施錢一千；王起才八百；馮應周七百；梁士威七百；趙樹林七百；□世木□□；趙樹椿六□；趙懷林八百；趙殿心六百；趙維富六百；張德金六百；張懷本、閏廣才、馮□海、馮應才、趙富銀、張聚恩、馮根則、趙樹才、張□□、趙□□、趙家佐、趙懷□、李秀義、李秀長、張德勤，各錢五百；趙萬倉、張德盛、張喜貴、張志瑞，各施錢六百；趙樹仁、趙廷根、趙廷枝、趙維發、趙爾常、趙温花、趙温正、趙和□、□人清、趙榮才、金安德、趙温直、趙維恒、趙□□、趙□金、趙□銀、趙□吉、趙孟和、張志廣、張敬□、胡步萬、趙富忠，各施錢五百；高學柱、趙維益、張志道、張□學、王作相、趙□師、王應祥、王金□、張德□、□桓昌，各施錢三百；趙□富、梁來喜、趙萬棟、趙孟花、趙維明，□□□二百。

修堤處是倚趙榮□、馮□城之地；若後河水退遠，堤中樹木許地主斫伐，一概不與社中相干；現今樹木長成，倘有偷刊堤中樹者，罰油拾斤，捉獲人得油五斤。

趙治元地内有廟西古水道，許社中修築行水。

住持僧：通譽、通説。法徒：善積、善楹、善根、善果。

鐵筆：廣增福、梁水泉。

917. 重修觀音廟并龍天廟碑記

立石年代：清光緒十八年（1892年）
原石尺寸：高177厘米，寬70厘米
石存地點：晉中市榆次區莊子鄉下黃彩村

〔碑額〕：億萬斯年

重修觀音廟并龍天廟碑記

下黃彩之村南，舊有大士殿一座，可謂保障一方、靈庇一村者也。創自萬曆，歲久傾圮。於光緒十五年，村中善士王化溥惻然動念，自備蔬酌，會集昔年糾首，之後新會糾首數家，復舉功德主二家，共議修葺。斯時神靈有感，人心一齊，遂募資四方，一舉意而即爲動工。斯役也，余喜其人心向善，克勤乃事，不數月而焕然一新矣。其制南殿三楹，内祀大士，傍祀羅漢、閻君，東西殿各三楹，東祀佛，西祀龍王，山門一間，東西禪房各一楹，而村北龍天廟亦從此光焕焉。祠落將鐫石，村中父老徵余記。余不敏，因念佛道至微，神妙不測，而幽明之理又属恍惚，惟觀音大士之德人猶可明，但世人謁地藏則生畏，謁觀音則生喜，而不知觀音之可畏，更甚於地藏也。余觀《多心經》曰："色不异空，空不异色，色即是空，空即是色。"嗚呼！此大悲大善之變相所從生，而觀音之所以可畏之甚也夫！音則空也，觀則色也。音而可觀，是得色於空也。觀以目運，音以耳受，觀而得音，是目可當耳也。目可當耳，則耳亦可當目；音可觀，則色亦可聽也。而天下是非邪正之欲逃其鑒也難矣。夫身後之輪迴，奸雄不畏；而當前之灾害，憪壬寒心。當其作一惡事，地藏之銼燒不得驟加，而觀音之弓劍已隨之矣。世之瞻禮觀音者，但宜檢束身心斯可耳。不然，後以欺心，香火要希福利，是且謂觀音之觀憒憒也。是爲記，爰爲之作頌。頌曰：

普佗之岩，洋海之濱。紫林雪鵠，縹緲靡垠。大士靄靄，自在長春。大悲大威，生殺俱仁。皈依瞻仰，遍乎天人。高王不屈，普門有神。恭維斯□□□世陳。寶刹重焕，虔恪彌伸。奉此寶界，以免灾瞋。千秋萬世，永奠常新。

紫坑村邑庠生要厚鎣熏沐撰文，本村居士王發榮沐手篆額，本村佾生王作俊沐手書丹。

舉意會茶總糾首：生員王化溥，功德主趙繼根功德銀壹百兩，守禦府千總王得芬功德銀五拾兩，經理糾首各施銀壹兩，王槳科施富貴樹壹株。王統玉、趙永隆、趙永盛、王統珍、王統瑚、趙玘禎、趙繼善、趙利榮、王得玉、趙繼晰、趙繼根、趙繼魏、劉定基、王汝梅、趙安平、王得芬、趙恩瀾、王汝霖、王汝楨、康秉仁、王興連、趙光星、王興隆、王克寬、王興悦、趙昌□、王興達、王興鐸、王興禄、王槳綸、趙進仁、趙焕彰、王發榮、趙學章。

木泥工成泰鳳，丹青人范根林，鐵筆人興盛石廠。

大清光緒拾八年歲次玄黓執除南宫月穀旦。

918. 重修岩則河碑記

立石年代：清光緒十八年（1892 年）

原石尺寸：高 115 厘米，寬 62 厘米

石存地點：晉城市澤州縣金村鎮吳莊村

重修岩則河碑記

岩則河有崇山峻嶺，仿佛瀛洲之情形；玉石洞有黑龍戲水，恍若巨壑之妙境。松柏簪翠，表裏山河，巒林拱秀，山川增輝。真神靈栖止之地也，亦鄉民取水之處也。廟內有古佛、龍王諸神位焉，創修不知何代，重修者以迄於今。但其歷年多矣，廟貌崩頹，神像傾覆，莫不目睹而心傷。於是玉寨村闔社人等糾領四方善士興工，殿宇重修一新，其氣象、神像妝塑一振。其威嚴神靈既得其所在，庶民必享福澤，遐邇庄村祈禱雨澤有求必應。勒石以誌，永垂不朽云爾。是爲序。

陵邑花落村儒學生員程步霄撰并書。

張仰社施錢拾伍千，積善社施錢伍千，趙庄社施錢三千，雙王庄社施錢三千，水北西社施錢三千，大玉鋪社施錢二千，偏橋底社施錢二千，北西坡社施錢二千，水北東社施錢二千，司徒村社施錢二千，石金村社施錢二千，王溝社施錢二千，永甯寨施錢一千五百，湛家社施錢一千五百，南渠社施錢一千五百，南西坡社施錢一千，郭家背六庄施錢三千，吳庄社施錢七千，管理院社施錢一千，東西蜀村施錢一千，西村社施錢一千，大掌社施錢一千，聖王山社施錢一千，東張村社施錢一千，魯平社施錢五百，林邑王永川施錢一千，三社二眾會施錢一千一，上社水管會施錢一千二，上社公義會施錢一千，西管院人子會施錢一千，西社公義会施錢二千，西社水管会施錢二千，西社龍王会施錢一千，圪套村施錢二千，三社大眾会施錢三千，玉寨村大社施錢九拾二千文，大路村施錢二千文，西山社施錢一千，馮金齋施錢二百。

社首人：賀秉德、馬滿成、賀安應、任流滿、崔會鈕、賀應保、□□、賀圪塔、賀秉珠、賀成義、賀德正、賀小太、賀端魚、賀秋旺、陳柱鈕、馬五魚□□□。

林邑木工王守義、玉工楊志和。

住持僧本貴。

大清光緒拾八年歲次壬辰九月吉日穀旦沐浴敬立。

清（五）

919. 創築村西堰記

立石年代：清光緒十九年（1893 年）
原石尺寸：高 44 厘米，寬 64 厘米
石存地點：運城市夏縣尉郭鄉西董村禹王廟

創築村西堰記

嘗思人杰者地靈，而地靈者人杰，可知千古之人才惟以地理爲盛衰也。顧人才視乎地理，而觀地理者不外乎風水，則風水有缺，豈可不有以補之哉？西董村上下左右無美不備，地理可云勝矣。第乾宮甚闊，恐水難收，村中父老并神首、鄉約意欲築堰以補之。奈無地經營，空談何益。幸有藥王會頭班，典種梁紐氏地二畝五分，價銀六十一兩，願施村中。地未買訖，因邀地主梁紐氏，而紐氏窺其善舉，亦慷慨樂施，彼此同心以成善舉。於是村中計地撥粮經營，有自踴躍興工，不日告竣。此諸君子之功，實合村人之幸也。是爲記。

邑庠廩膳生員友三趙連璧撰并書。

經理督工人：李成元、梁殿有、李學信、梁精一、賈月銀、孫青雲、田耕文、常敬斗、李英鴻、董有志、郭念祖、梁加彩、董德修、董孝傑、梁自省、孫步盛、梁登科、孫永平、李志信、李生發、郭文翰、孫毓奎、孫清福、孫啓瑞、梁恒敬、李學用。

大清光緒十九年二月穀旦立。

清（五）

920. 東龍神廟創建功德碑記

立石年代：清光緒十九年（1893 年）
原石尺寸：高 100 厘米，寬 50 厘米
石存地點：呂梁市石樓縣羅村鎮南溝村

〔碑額〕：永垂萬萬

崔家庄糾首賈玉珍、劉玉奎，南滿里糾首溫玉珍、王文義，往里糾首鄒彦科、楊升榮，曹村糾首王進明、王國寶、王父元、王金奎，下田庄糾首韓興鈞、韓作榮、韓致林、李雙林，污則里糾首鄭文光、王明月，桃花者糾首溫萬如、鄭榜榮，左塌里糾首崔三丑、高克己，西溝里糾首王俊傑、王紅傑、王桐山，任家溝懷兒。沙窑地七百貳十五舍，曹村地六百六十三舍半，崔家庄地二百三十二舍半，桃花者地三百六十八舍，南溝里地六百舍，下田庄地五百一十舍，後泊河地四百四十六舍，前泊河塬少地三百舍，往里污則里四百一十二舍地，西溝里地二百九十舍，任家溝地一百二十舍，左塌里七十舍，樓家庄七百五十舍，南溝殿嶺四十舍。共地五千五百一十七舍，每舍花錢一百文。丁巳年五月同陳知事分狀元錢一百吊，石羊里紳士王巨祥施狀元錢二十千文。新修背後房三間，花錢六十千文；沙窑學堂三間，花一千三十吊。

光緒十九年王彦榮、王登堯、王登元、王林山等始立四、七月演戲三日達報。

龍神大會，至今照然。

黄河流域水利碑刻集成·山西卷　七

1986

921. 重修水池碑

立石年代：清光緒十九年（1893 年）
原石尺寸：高 90 厘米，寬 45 厘米
石存地點：長治市平順縣苗莊鎮北莊村

〔碑額〕：重修

咸豐年間建修，合村捐斂，布施錢拾八千文，將錢花盡，工亦未成。

嘗讀《詩》曰"靡不有初，鮮克有終"，以是知前人之創修甚難，後人之建修尤易也。夫池塘之設，所以維風脉而福民□也。先予村有底池，淤泥深厚，勻水難容，而□□思修鑿乎？今□村中有一處士苗永康，偶起善念，欲成其事。邀請村有好善有爲者，共商修鑿，同心協力，踴躍趨事，欲易之以鑿其深大，□之以在鋪其□渠。爰卜吉旦而鑿修，遂效同力以□功，由是鑿而深之，口圍□新。二三年間，工乃完畢。此成終之所以不易也。今人遙觀，其際而企之煥然更深，恍與河海益廣，水□愈堅。此雖人之力哉，詎非天之所相與？余臨咫尺，恒往來如此。欲録其事而揄揚之，實退謝不敏。謹持是書，以表修鑿而告成，刻之於石，千載不朽。是爲序。

……楊春芳撰書，玉工吳道發鐫。

地畝共捐斂錢肆拾九千伍百文，出花費錢肆拾九千伍百文。

維首：苗增□、苗永康、苗永亮、苗永水、□□則、苗瑞□、苗栓柱、苗瑞□、路文宇、苗景成。

□止□焦松坡之事，不許樵采牧牛羊者，樹木以備社用。

大清光緒拾玖年歲次癸巳十一月穀旦。

清（五）

1988

922. 五龍洞碑

立石年代：清光緒二十一年（1895 年）

原石尺寸：高 90 厘米，寬 45 厘米

石存地點：臨汾市蒲縣紅道鄉五龍聖母廟

五龍洞爲蒲八景之一，昔名人製詩以褒之；五龍洞爲蒲沛澤之所，士庶人逢旱則禱之。雖不詳創自何代，而□□增華，代不乏人。邇來廟宇傾圮，洞口仰塌。邑人宿中秀、王光華等目觸心傷，欲興義舉而力未遇，乃糾合二十四社人共議修葺。幸衆情踴躍，多方募化。今廟宇歌樓煥然可觀，宿中秀等不敢烟［湮］没衆善，因是將□四外姓名并各項花費勒諸貞珉，以誌不朽云爾。

邑廩生曹汲修篆文，山東青郡孫作桂書丹。

糾首：宿中秀、韓福龍、王光華、李榮華。

進布施錢貳佰九十九仟有零，十九年花費錢一百九十一仟零，二十年花費錢一百捌仟有零。

駝灰村施錢一千零八十，上大夫施錢六千，蒲城縣合行下太夫、後河村、賀永金，以上施錢五千。宋天棟施錢四仟二百。賀家庄、下紅道、返底村、被子原，以上各施錢四千。後洞溝、辛庄村、何家原，三村施錢四仟。圪权坡、解家河、葛家原，三村施錢四仟。前中後匣村施錢四仟，田萬年募化錢四仟。郭有桂、克城鎮、高治國，以上施錢三千。白村、下蒙古、梁家庄、薛關、山柳村、北塘侯，以上施錢二千。賈義太施一千六百，後庫撥村施錢一千五百卅，前河村施錢一千五百，謝家原施錢一千四百，麥嶺村施錢一千二百，河西村施錢一千二百。蘆其昌、南盤地、北盤地、勸學村、刘萬銀、東原村、韓師、聖王村、馬武村、前庫撥村、曹梁、社干村、普干村、曲延村、賀明泉、文城村、安宓村、堡子村、□朱村、許繼郭、天遇合、姜家峪、張家圪垛、于法順、金有興、君家山、荊家原、荆坡村、天家庄，以上各施錢一千。山口村七百，上下黃土村六百，于法海、上刘村、大水泉、棗棗河、賀家河、金定村、録杵平、三教村、永泰奎、白金珍、隆興店、太石河、山頭村、上紅道村、金子角、西嶺村、蒲峪村、史體恒、大盤圪瑩、馬道角、龍建峙、太林鎮、馬任林、屈家溝、王家原、胡家庄、郭家原、衛家河、梁屯村、南溝裡、桐兒裡、楊生花、西角村、留仙村、蝓華溝、後河峪、伊裡村、李榮華、西平原，以上施錢五百。董家圪垛前賀家峪，以上施錢四百。獅子溝、廟簾裡、西溝裡、辛庄上，以上四村施錢三百。

玉工郝永德施錢貳佰文。

住持曹太清、張子興。

……十一年歲次乙未清和月穀旦立。

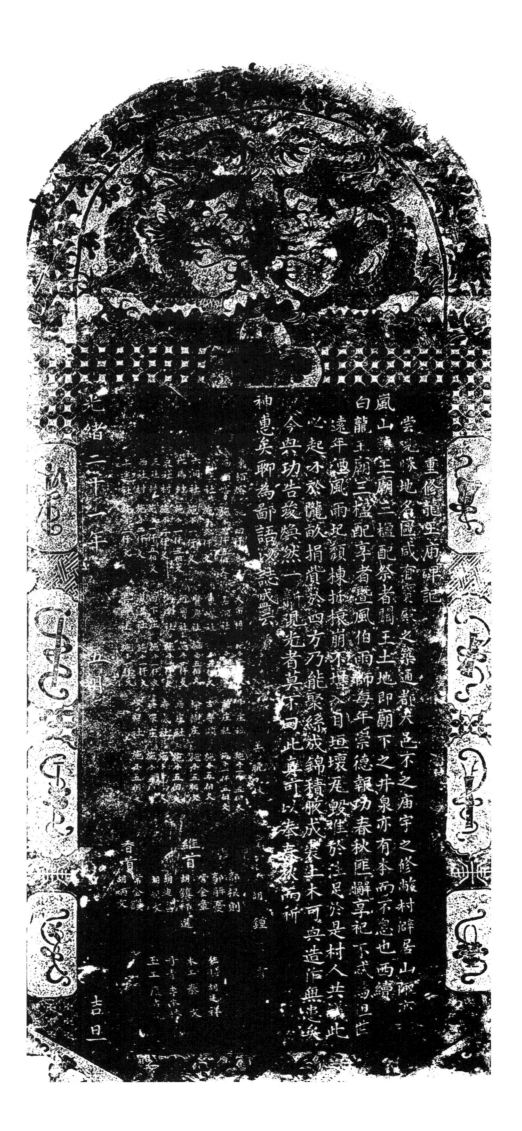

923. 重修柏峪腦村龍王廟碑記

立石年代：清光緒二十一年（1895 年）
原石尺寸：高 158 厘米，寬 64 厘米
石存地點：長治市黎城縣上遥鎮柏峪腦龍王廟

重修龍王廟碑記

嘗觀勝地名區，咸有寶殿之築，通都大邑，不乏庙宇之修。敝村僻居山陬，亦有嵐山龍王廟三楹，配祭者關王、土地，即廟下之井泉亦有本而不息也。西續白龍王廟三楹，配享者暨風伯、雨師。每年崇德報功，春秋匪懈，享祀不忒焉。但世遠年湮，風雨圮頹，棟折榱崩，不堪入目，垣壞瓦毀，難於注足。於是村人共議，此必起錢於隴畝，捐資於四方，乃能聚絲成錦，積腋成裘，土木可興，造作無患矣。今興功告竣，焕然一新。观光者莫不曰："此真可以奉春秋而祈神惠矣！" 聊爲鄙語，以誌盛云。

王晚林撰，胡鍾文書。

東柏峪施錢四仟文，西柏峪施錢二仟五佰文，郎庄社施錢貳仟文，六洞社施錢一仟文，北馬村施錢一仟五佰文，東社村施錢二仟文，正社村施錢一仟五佰文，西社村施錢二仟文，上遥社施錢二仟文，大寺社施錢二仟文，長河社施錢五佰文，東峪社施錢五佰文，賢房社施錢五佰文，行曹村施錢一仟文，河南社施錢一仟文，西下庄施錢一仟文，嵐溝社施錢一仟文，渠村社施錢一仟文，中庄社施錢一仟五佰文，前庄社施錢一仟五佰文，古寺頭施錢五佰文，榆樹庄施錢五佰文，後庄社施錢五佰文，寺底社施錢一仟文，吳家庄施錢五佰文，蛟□社施錢五佰文。

維首：郭根則、郭解憂、常金章、胡鎮邦、胡迪昌、胡刘文。

香首：常金鎖、胡炳文。

住持：胡廷祥。

木工：秦文。

丹青：李木林。

玉工：康占元。

光緒二十一年五月吉旦。

1992

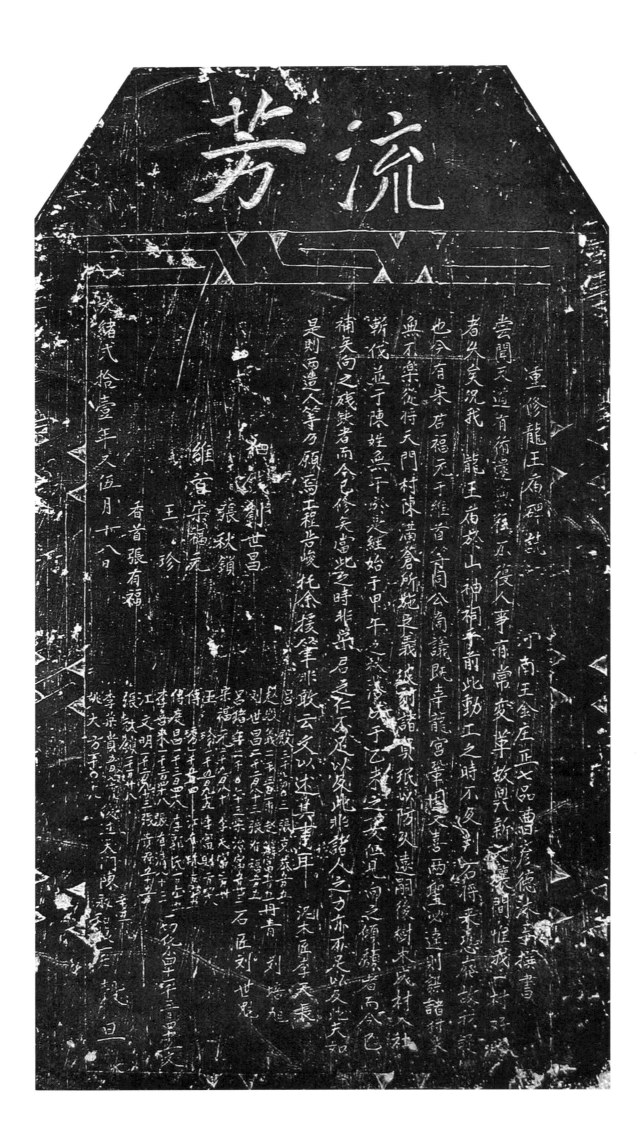

重修龍王廟碑誌

924. 重修龍王廟碑誌

立石年代：清光緒二十一年（1895 年）

原石尺寸：高 128 厘米，寬 51 厘米

石存地點：晋中市左權縣拐兒鎮老井村龍王廟

〔碑額〕：流芳

重修龍王庙碑誌

　　嘗聞天道有循還，無往不復；人事有常変，革故鼎新。天壤間惟我一村好勝者久矣，況我龍王廟於山神祠乎？前此動工之時，不及判石，將來恐廢，故我疑也。今有宋君福元于維首等同公商議。既幸龍宮鞏固，又喜兩聖必達，則謀諸村衆，無不樂從。將天門村陳滿倉所施之義坡，刻諸貞珉，以防久遠。嗣後樹木成材，人社斬伐，并于陳姓無干。於是經始于甲午之秋，落成于乙未之夏。但見向之傾頹者，而今已補矣；向之殘缺者，而今已修矣。當此之時，非宋君之仁不足以及此，非諸人之力亦不足以及此。夫如是，則兩造人等乃願焉。工程告峻［竣］，托余援筆。非敢云文，以述其事耳！

　　河南王金庄正七品曹彦德沐手撰書。

　　佃錢：劉世昌。

　　維首：張秋鎖、宋福元、王珍。

　　香首：張有福。

　　（以下布施人名略而不録）

　　泥木匠：李天長。

　　丹青：劉培旭。

　　石匠：劉世魁。

　　光緒貳拾壹年又伍月十八日穀旦。

重修三官廟碑記

蓋闢荒而必持者仁人之志也顛而必扶者義士之心也⋯余邑於乾隆三十二年始建
三官廟一所正奉三官大帝左配五龍聖母右配⋯風雲雖云神所憑依將在德矣而記足之師允要務馬耶人見殿宇傾頹樂樓破壞於是廣為募化努力捐施興工於
日盈然改觀不惟可以妥神靈亦見人力之相助同心耳

觀音龍趙諸神靈應人人共沐恩光聖功普被家家以誌⋯先緒二十一年三月落工於十月初八

國子監牛步垣 謹撰

⋯偕子鴻 王鴻業 張世昌 并書

正功德琅事

安騎六社 施銀陸兩 陳川牌 施銀陸兩
興法圓社 施銀肆兩 波有海 施銀壹兩
白道圓社 施銀貳兩 張有樹 施銀壹兩
塊家坡社 施銀貳兩 張守庫 施銀壹兩
海北社 施銀貳兩 張守昌 施銀壹兩
開村社 施銀壹兩 張守用 施銀壹兩
枝蘭社 施銀位兩 張守福 施銀位錢
樹妙勝寺 施銀位兩 張炎建 施銀位錢
侯墨社 施銀壹兩 道風福 施銀位錢
張玉民 施銀壹兩 張相堂 施土主
張時昌 施銀壹兩 張永福

張世昌 并書 施銀位兩

理 張雲霞
斜 張雲書
渠 張雲錦
渠 張歩通 張守樹 張鴻樹

募 化 人 施銀壹拾位兩

925. 重修三官廟碑記

立石年代：清光緒二十一年（1895 年）

原石尺寸：高 126 厘米，寬 56 厘米

石存地點：晋中市榆次區烏金山鎮劉家坡村三官廟

重修三官廟碑記

蓋聞：危而必持者，仁人之志也；顛而必扶者，義士之心也。余村於乾隆三十二年，始建三官廟一所，正奉三官大帝，左配五龍聖母，右配龍天雨師，東西兩楹，又配享關聖帝君及觀音、老趙。諸神靈應，人人共沐恩膏；聖功普被，家家咸沾雨露。雖云神所憑依，將在德矣，而托足之所，尤要務焉。村人見殿宇傾頹，樂楼破壞，於是廣爲募化，努力捐施。興工於光緒二十一年三月，落工於十月初八日。奐然改觀，不惟可以妥神靈，亦見人力之相助同心耳。

國子監牛步垣謹撰，張世昌并書。

正功德張雲霞偕子鴻玉、鴻業，施銀壹拾伍兩。

太安驛六社施銀陸兩，三村妙勝寺施銀五兩，芝枝嶺社施銀貳兩伍錢，興治法海寺施銀肆兩，白道閣社施銀叁兩，魏家坡社施銀貳兩，寨馬營社施銀貳兩，溝北社施銀貳兩，閻樹愷施銀貳兩，弓村彌勒寺施銀壹兩，永恒昌施銀貳兩，後十里溝社施銀壹兩三錢，韓玉義施銀壹兩，張克新施銀壹兩，張明昌施銀壹兩，陳明輝施銀壹兩伍錢，張有福施銀壹兩，張有海施銀壹兩，張守樹施銀壹兩，張守庫施銀壹兩，張世昌施銀壹兩，張世富施銀壹兩，張步廷施銀壹兩，閻緒施銀捌錢，張守剛施銀陸錢，張守福施銀伍錢，張守發施銀伍錢，趙永福施銀伍錢，張潤堂施銀伍錢，張守成施土主。

經理糾首：張永靖、張雲霞、張雲會、張雲貴、張雲書、張鴻錦、張守樹、張步通。

募化人：張雲霞募銀壹百叁拾伍兩，張永靖、張雲書、張鴻錦□募銀貳百伍拾兩，張鴻業、張世昌、張守庫募銀壹兩伍錢，張克新募銀壹兩陸錢，廣泰魁募銀壹兩，德陞長募銀捌錢，張步達募銀壹兩柒錢，張守樹募銀貳兩伍錢，趙生印募銀柒錢，張吉祥募銀壹拾肆兩。

木匠永恒昌，泥匠張克新，丹青張明昌，鐵匠閻緒，石匠張尚金，鐵筆張貴。

创修南石桥碑记

距县二十里有村名洗马庄四塞之衢也东连上谷南接莫州西走云中北通边徼行家往来车马辐辏络无虚日颜村水有山溪横截秋冬及春水涸沙平人无病涉惟盛夏大雨时行山水暴涨两崖之间波涛汹涌册许不延车马其之生因必俟青霄炎敛乃渐出沉革登麾庄若阴雨连绵则踣流布涣奈何者不知凡几兵性非此利邑人讵可当受于先是村人岁纂土桥遇水辄圮即衢溃势而无功望洋而嘅也近邑中丈夫亡相与筹谋先诸石为梁庶所可久但工费繁巨非县薄之力所能勝且非硗瘠之区所易办之顾念济人利物常具同情宗道成虽术繁兼巨习部诚广务布告想仁人君子其曾出是窭者必争先布施即端居符惠者亦必奋踊勘助大他

日桥成题其顾附诸君徼共垂不朽云

知广灵甲正堡张星焕撰文

侨界生贡藏徐科书丹

勘捐人

经理人

石正

大清光绪二十一年岁次丙申清和月下浣穀旦

926. 創修南石橋碑記

立石年代：清光緒二十二年（1896 年）

原石尺寸：高 164 厘米，寬 67 厘米

石存地點：大同市廣靈縣蕉山鄉洗馬莊村

創修南石橋碑記

邑東二十里，有村名洗馬莊，四達之衢也。東連上谷，南接莫州，西走雲中，北通邊徼。行旅往來，車馬輻輳，殆無虛日。顧村外有山溪橫截，秋冬及春，水涸沙平，人無病涉。惟盛夏大雨時行，山水暴漲。兩崖之間，波濤汹涌。舟楫既不可施，車馬爲之坐困。必俟晴霽之後，乃漸出泥淖，登康莊。若陰雨連綿，則臨流而喚奈何者不知凡幾矣。雖非行人之利，邑人詎不當憂乎？先是村人歲築土橋，遇水輒即衝沒。勞而無功，望洋之嘆如故也。近邑中父老，相與籌商，必叠石爲梁，庶利濟可久。但工費甚巨，非綿薄之力所能勝，且非磽瘠之區所易辦也。顧念濟人利物，當有同情；除道成梁，不容專美。乃竭鄙誠，廣爲布告。想仁人君子，其曾出是塗者，必爭先布施；即端居好善者，亦必樂爲襄助矣！他日橋成題柱，願附諸君後，共垂不朽云。

知廣靈事正堂張星煥撰文，儒學生員孫發科書丹。

勸捐人：四品賈永成、文林郎宋九經、生員張峰、王立本、白國治、郝垲山、生員劉書、馬貴、董萬舞、義恒德、充實店、宝善店、復全店、至誠號。

經理人：王恩熙、孫培橘、董萬有、王佐、李尚志、李美。

石工：馬和、張密、周春、趙法。

造碑：門堂、門廷。

大清光緒二十二年歲次丙申清和月下浣穀旦立。

龍子祠重修碑記

康澤王祠西靈源出姑射山下相傳橋石灘中有石龍吐水砌石為池疏金龍池錦魚罷為兩岸名花連時盛開一帶鮮妍架空常生南暖淺沙平麓間監泉罷沸聚而盈乎川澤抉而波及臨要灌田千餘頃轉磨百餘所清流所及卷成膏腴以雨霙功德浩蕩無以加焉為相時而香百代也至殿陸之巍裁及古頭仙景前功之足錄者先達記載詳不待兄舉但楝宇周積久而橫工程宜相時而動倘至傾也何堪妥神靈今逢春祀之陳南北董市咸集公議修葺永昭心一遘總渠定衆重修正殿自龍子宮以及清音亭權殘是菙穢污以深南北合修前後重新廟西風電諸祠廊厬脾亭公舘魚池甍洞霄應惟南河獨修梳行完補經營畢監越歡目而聿觀厥成焉其討費錢八百千有奇人民樂施佃地畝者按公攤抖主磨碾者依規給償雖工峻惟之非歎矜勞屬人為無非康澤王恩洽德普所致也郎裁功次弟與北河列公分而戴之興者蓋前慈而建鴻猷焉是則神人之彼賴也夫

邑庠生員 段振海 撰文
儒學增生 王維新 書丹

河總理督工
南橫總渠渠長
南磨河渠長
中渠河渠長
高石河渠渠長
李那渠渠長
晉新小渠渠長
廟東晉掌小渠渠長

大清光緒二十二年歲次丙申冬子月穀旦立

927-1. 龍子祠重修碑記（一）

立石年代：清光緒二十二年（1896 年）

原石尺寸：高 230 厘米，寬 90 厘米

石存地點：臨汾市堯都區金殿鎮龍祠村龍子祠

龍子祠重修碑記

康澤王祠西，靈源出姑山下，相傳槁石灘中有石龍吐水，砌石爲池，號金龍池，錦魚躍焉。兩岸名花，逢時盛開，一帶鮮韭，架空常生。南環淺沙，平麓間濫泉蹙沸，聚而盈乎川澤，抉而波及臨襄，灌田千餘頃，轉磨百餘所。清流所及，悉成膏腴，甘泉未達，濟以雨露。功德浩蕩，無以加焉，宜乎馨香百代，俎豆千秋也。至殿陛之崇隆，廟貌之巍峨，及古迹仙景前功之足錄者，先達記載綦詳，不待冗舉。但棟宇因積久而損，工程宜相時而動，倘至傾圮，不足肅觀瞻，何堪妥神靈？今逢春祀之陳，南北董事咸集，公議修葺，衆皆歡心，一遵總渠定論。爰重修正殿，自龍母宮以及清音亭，摧殘是葺，穢污以潔，南北合修，前後重新。廟西風電諸祠、廊廡、牌亭、公館、魚池、龔洞、齋廳，惟南河獨修。概行完補，經營督監，越數月而聿觀厥成焉。共計費錢八百千有奇，人民樂施，佃地畝者按公攤抖，主磨碾者依規給償。雖工峻〔竣〕效速悉屬人爲，無非康澤王恩洽德普所致也。即成功，次第與北河列公分而載之，非敢矜勞施功，冀後之興者蓋前愆而建鴻猷焉。是則神人之攸賴也夫。

邑庠生員段振海撰文，儒學增生王維新書丹。

（以下碑文漫漶不清，略而不錄）

大清光緒十二年歲次丙申冬子月穀旦立。

龍子祠重修碑記

平水為臨襄巨浸居民立祠以祀其神發源於晉建廟於唐至宋宣和五年加封為

康澤王以其康澤萬民而萬民宜恭明祀者也功德之盛前人述之詳矣數百年來代有修理工訖之餘輒記之碑非以矜一時之

勤勞益隱示後人以時加補葺耳同治甲戌迄光緒丁亥兩次鳩工不數年復形穿漏芳事者恐歲巨役亟欲繕治以連年歉

收未果去年夏大雨數日民間房屋及廟宇傾圮者甚多而此祠尤甚宗桷廚桅瓦甍幾敗不可以妥神揭虔乃集南北十

六河公議使工人包攬重新正殿及殿右之廊房二間又新水母殿及殿後之捲棚五間殿前之東南兩

若干次則大門二門清音亭南小亭或則監脊或則齊擔務令完善以至大門逸之

其敝而治之工竣復具丹艧金粧神像此則南北十六河之所公修者也各河諸公恐時賢堂張君首其事乗暇子曰項謀為碑誌南河諸君堅

兩易其木瓦又齊雷神殿之簷更東屏門之樞更西馬坊之梁易外市房之新官鹰之簷築東厦之牆與夫水道魚池

花騰祺新理之使仍其舊凶北八河之所公俻也又與北八河諸俻所欺儲日監督務乃日用飲食無歎浪費

以谷勤貞珉為便今石已就矣君其為文以記之子恩

以耗民財始為事於本年季春凡六閱月而告竣禮崇者此之不脩如祈報何脩之而所廢不賞如縣民何若諸公者可謂勤儉矣後之

重者能以諸公之心為心而遂時補治無使浸成巨役不惟有益於民其於

康澤王眷斯民之心亦庶幾其有合也是為序

例授文林郎吏部揀選知縣壬午科舉人張　寵撰文

例授文林郎吏部揀選知縣甲午科舉人關世熙書丹

大清光緒二十二年歲次丙申冬子月吉日立

927-2. 龍子祠重修碑記（二）

立石年代：清光緒二十二年（1896年）

原石尺寸：高237厘米，寬88厘米

石存地點：臨汾市堯都區金殿鎮龍祠村龍子祠

龍子祠重修碑記

平水爲臨襄巨浸，居民立祠以祀其神，發源於晋，建廟於唐，至宋宣和五年加封爲康澤王，以其康澤萬民，而萬民宜恭明祀者也。功德之盛，前人述之詳矣。數百年來，代有修理，工訖之餘，輒記之碑，非以矜一時之勤勞，蓋隱示後人以時加補葺耳。同治甲戌迄光緒丁亥，兩次鳩工不數年，復形穿漏。首事者恐成巨役，亟欲繕治，以連年歉收未果。去年夏，大雨數日，民間房屋及廟宇傾圯者甚多，而此祠尤甚。宋桷腐橈，瓦壁殘敗，不可以妥神揭虔。乃集南北十六河公議，使工人包攬，重新正殿及殿右之廊房二間，又新水母殿及殿後之捲棚五間，殿前之東南兩挑角。凡易棟梁級瓦若干次，則大門、二門、清音亭、南小亭，或則豎脊，或則齊櫓，務令完善。以至大門邊之照壁，周圍之花墻下，及鋪石水道，無不因其敝而治之。工竣，復具丹艧，金妝神像。此則南北十六河之所公修也。又與北八河諸公議，揭傘兒亭及窑門前門樓之頂，而易其木瓦；又齊雷神殿之櫓，換東墀門之楹；更西馬房之梁，易外市房之檁；新官廳之椽，築柬厦之墻與夫水道、魚池、諸花墻，俱新理之，使仍其舊。此則北八河之所分修者也。各河諸公恐爲匠氏所欺，盡日監督，務求堅固，且日用飲食無敢浪費，以耗民財。始事於本年季春，凡六閲月而告竣，共費錢八百千有奇。時賢堂張君首其事，來囑予曰："頃謀爲碑誌。南河諸君堅以各勒貞珉爲便，今石已就矣，君其爲文以記之。"予思康澤王之德，固兩縣之所心香祀而頂禮崇者。此之不修，如祈報何！修之而所費不貲，如罷民何！若諸公者可謂勤儉矣。後之董斯事者，能以諸公之心爲心而遂時補治，無使浸成巨役，不惟有益於民，其於康澤王康澤斯民之心，亦庶幾其有合也。是爲序。

例授文林郎吏部揀選知縣壬午科舉人張寵撰文，例授文林郎吏部揀選知縣甲午科舉人關世熙書丹。

大清光緒二十二年歲次丙申冬子月吉日立。

清（五）

928. 重修龍王廟并增建前院捐資募緣碑記

立石年代：清光緒二十四年（1898 年）
原石尺寸：高 200 厘米，寬 70 厘米
石存地點：長治市黎城縣黎侯鎮宋家莊村龍王廟

重修龍王廟并增建前院捐資募緣碑記

盖聞創之於前易，因之於後難，因之於後而復增廊之則尤難。夫前人創之，必待蓄積多資而始敢鳩工；後人因之，必至棟宇摧殘、屋瓦飄零而始重修之、補葺之。不必問其儲蓄幾何，增建與否，即率由舊章，亦苦爲規模所拘了也。況素儲無多，又復增修數十餘楹，其難易爲何如耶？縣屬之宋家庄舊有龍王廟一所，正殿叁楹，東西廊房各五楹，樂樓叁楹。土人之春祈秋報，祭風禱雨皆在其中，無如年遠代湮，風雨剝蝕，棟梁凋殘，垣墉傾圮，而殿中神像獨覺光彩之若廢，非神力呵護，胡爲至於斯耶？癸巳冬，維首等過而傷之，遂庀材鳩工，公議修葺。除照舊補修外，乃更易樂樓爲過庭，增建前院東西兩廊各五楹，樂樓三楹。積累數十年，耗費壹仟叁百餘緡。越五年，工成告竣，煥然一新。適友人張君囑余爲記。余不敏，僅就其所言者略陳數語。雖齟齬不安，而諸公之辛苦，無不至湮没而弗傳也。爰爲之銘曰：

古刹堂皇，以祀龍王。歷年久遠，風雨倡狂。梁崩棟折，萬瓦灰揚。鄉民耆老，睹而心傷。乃興土木，重建廟堂。既遵舊制，復增新廊。繪畫已竣，金碧輝煌。賢士君子，便於稱觴。千秋萬歲，俎豆馨香。叵公衆力，不至弗彰。神其有靈，惠我無疆。

黎城縣儒學增廣生員李園東沐手敬撰，樂善堂宋金城薰沐頓首拜書丹。

維那：牛登林、張世會，各施錢叁千文。牛寬心、申進善、常富倉、常□鑑，四人各施錢壹千文。宋金城、宋二胖、江有玉、宋三則、楊金鎖、牛江海、楊萬山……

維首：王有餘、宋秉義、張錦堂……

石工：趙廷信。

木工：趙起運。

泥水匠：郭祥林。

丹青匠：姚廷珍。

住持僧人：濟星。

玉工人楊三保敬勒。

大清光緒貳拾四年五月二十五日立石。

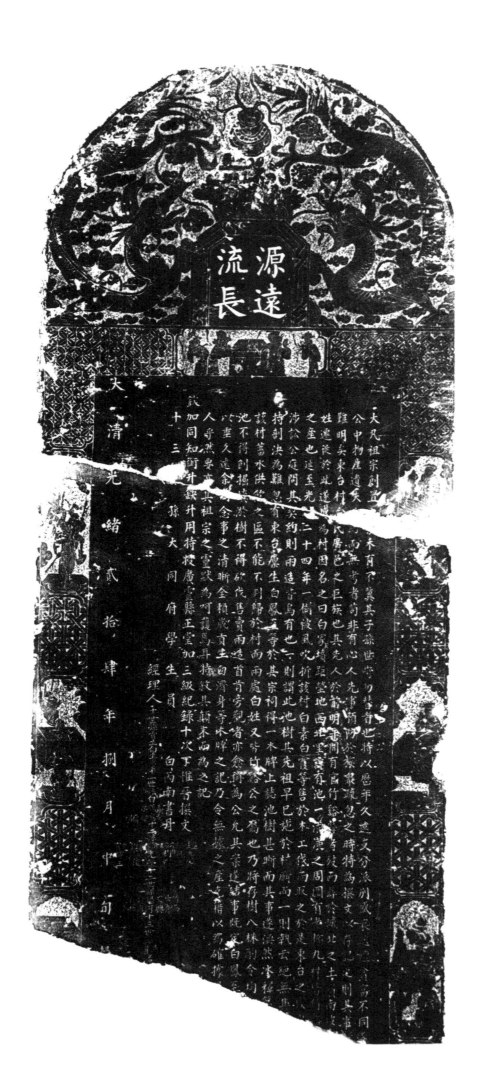

源遠流長

929. 源遠流長碑

立石年代：清光緒二十四年（1898 年）
原石尺寸：高 150 厘米，寬 64 厘米
石存地點：大同市廣靈縣壺泉鎮水神堂

〔碑額〕：源遠流長

　　大凡祖宗創置□□，未有不冀其子孫世守勿替者也。特以歷年久遠，支分派別，盛衰迭嬗，貧富不同，遂……公中物産遺失□約而無考者，苟非有心人先事預防，於族衆疏忽之時特爲撰文，以存記之，則其事……難明矣。東台村白氏，廣邑之巨族也。其先人於前明年間，有官竹溪縣者，歿而葬於城北之土嶺南坡……姓遷徙於此，遂成爲村，因名之曰“白家墳”。距塋地西北里許，有池一潢，潢之周圍有老柳九株，皆竹溪……之産也。延至光□二十四年，一樹被風吹折，該村白素、白霞等售於木工，伐而取之。於是東台之族……涉訟公庭，問其契約，則兩造皆烏有也。一則謂此池樹其先祖早已施於村廟，而一則執云絶無其……持剖決爲難。忽有東台廪生白鳳至等，於其宗祠得一木牌，上誌池樹甚晰，而其事遂煥然冰釋。第……該村蓄水供飲之區，不能不判歸於村。而兩處白姓，又皆竹溪公之裔也，乃將存樹八株，酌令均……池不得刨掘填淤，樹不得砍伐售賣。兩造首肯，旁觀者亦僉稱爲公允，其案遂結。事既定，白鳳至……以垂久遠。余□念事之清晰，全賴歲貢生白濟身等木牌之記，乃令無據之産，克藉以爲確據……人乎！然要亦其祖宗之靈，默爲呵護焉耳！特叙其顛末而爲之記。

　　欽加同知銜升缺升用特授廣靈縣正堂加三級紀録十次丁惟晉撰文，十三世孫大同府學生員白丙南書丹。

　　經理人：十世孫貢生白生慶，十一世孫白森茂、白鶴鳴、白尔樑……十二孫……十三世孫……

　　大清光緒貳拾肆年捌月中旬穀……

930. 重修野里村關帝玄武奶奶龍王馬祖山神廟

立石年代：清光緒二十四年（1898 年）
原石尺寸：高 98 厘米，寬 61 厘米
石存地點：大同市靈丘縣東河南鎮野里村奶奶廟

重修野里村關帝玄武奶奶龍王馬祖山神廟

盖以神之有功德於人者，則當隆其祀典，建立祠宇，以報神功。是以風雨時若，而後庶草蕃蕪，生畜賴以繁衆；五谷豐登，而後民歌大有，子孫賴以昌盛。至若黜邪存正，除暴安□，非有伏魔之功，仁勇兼至，何能神靈赫濯若是哉？夫所謂神者，在人心焉耳，心之所敬，神必至也。吾□□僻處山區，鮮知祀典，但以神之有功於人者，□應享祀豐潔，於心始安矣。我野里村舊有關帝、玄武、奶奶、龍王、馬祖、山神廟，未知所創於何年，至光緒五年重修，又歷貳拾餘載。上漏旁穿，墙垣侵頹，□棧風卷，金身雨洒，合村人等目擊心傷，豈忍任其倒塌，而不振興乎？於是募化金銀，捐綿補茸，拏力傭工。不數月而工程告竣。庶幾神栖得所，而祭祀有方，何□非神聖之默佑於無□也□。至若舍財善人、各色工匠，悉載碑陰，垂諸永遠。是爲記。

儒學生員李□□敬撰，童生王繕謹書。

南□村段清秀施錢貳千文，王清施錢五百文，任福施錢五百文，郭元施錢四百文，任永施錢十小千文，智有宝施錢十小千文，孫皇施錢十小千文，千樹莊村武彥施錢三百文，王子住施錢三百文，王銀施錢三百文，王玉可施錢三百文。

經理人：耆賓王全仁、胡德，介賓王靈沼、趙進善、趙如善，馳封鄧亮，千鏞趙毓儒、趙清、趙成亮、王清沼、王振勤、趙□璧、鄧志樹。

泥匠王相；木匠任登；石匠張人；画匠吕方、趙安和。

□緒貳拾四年孟冬月敬立。

931. 重修龍王廟暨各神廟碑記

立石年代：清光緒二十五年（1899年）

原石尺寸：高203厘米，寬66厘米

石存地點：長治市黎城縣西井鎮牛居村龍王廟

重修龍王廟暨各神廟碑記

聞之莫爲之前雖美弗彰，莫爲之後雖盛弗傳。此蓋理有固然事有必至者也。村中建泰華龍王廟，不知始於何時，但歷年久遠，風雨剝蝕，妥侑者咸切棟折榱崩之患焉。至廟東關帝閣、觀音堂與村馬王、土地二祠頹檐斷壁，傾圮尤甚。村人久擬重修，費慮難籌，遷延輒止。戊戌春，冀君春芳倡議興工，村人聞之無不□然樂從。計畝均資，分丁效力。復以工程浩大，募化四方，共得錢叁百餘緡。於是鳩工庀材，次第修葺。殿宇則新其棟□□□則固其基址。危樓傑閣，朱楹接鳥翼之飛；曲舍迴廊，碧瓦刻魚鱗之次。結構莊嚴，誠盛舉也。告竣之後，囑余爲記。□□□□工之時，運斤風成，輸財雨集，不期年而丹楹績壁，煥然一新，現輪奐之美。豈非神之有靈，而眾情樂爲之鼓舞，□□□□好善樂施，亦其不可泯者也。遂不自揣固陋，爰爲誌其顛末，以垂之不朽云。是爲序。

郡庠生崇如王墉沐手撰文并書。

（以下碑文漫漶不清，略而不錄）

大清光緒二十五年歲次己亥荷月下浣吉立。

大清光緒二十五年歲次己亥　仲秋月十五日

社首人等刻

932. 石後堡東坪爭攬在路縣署劉正堂特諭

立石年代：清光緒二十五年（1899年）
原石尺寸：高140厘米，寬50厘米
石存地點：長治市上黨區八義鎮石後堡村

今夫水性本就下也，不能改作而爲害。嘗聞觀溝古有東西舊渠之迹，源遠流長，水无逆行之理；心平氣和，人無橫行之情。原因兩村爭攬在路。昔有東坪村塞路挑溝，逼水逆行等情，倘水不以古溝出入，恐田地几十餘畝難免受害，人民豈能安泰？今吾村社首公議，擔攔理攬不令等情，伊村惡言不忿。奈衆社首無法，祇得禀官典訟在案。限遇袁仁天，因事不平，到此過目親驗。稽考是寅，評論地界，另開驗單列左：勘得東坪村外有東西古渠，水溝一條，寬尺許，繞西至官溝道西，流入大河，官溝道中間，有疊石數塊，係新砌痕迹。其由官溝道疊石處，迤北一帶平地，俱係田禾熟地，并無舊水溝形迹。勘畢，兩村公候聽審，時久不了。袁仁天事未結局，由下任又來。縣主劉邑到任，閱此案卷，委妥人訪問，背驗禀明。劉邑自清筆出諭和解。該兩村具結了案，遵諭辦理開後。調署正堂劉諭：據石後堡村劉正東、劉福則等呈控東坪村社首張迎年、張二肥等一案，當經訊明，石後堡與東坪村東西相望，現在所挖之溝，殊于農地有礙，若就此處修路行走，損人利己。無論舊迹有否，總非本調署縣道民向善之心。惟該兩村所爭在路，若修東西宜路，而該路又屬石後堡地界，該東坪仍慮阻不令走，於自村不便。且此案纏訟三年，村衆攤錢，社約聽審，拖延滋久，窮民何以安生？若不酌令化私爲公，此案是實無時了結。應即斷令該兩村開道，將東西直路修好，以便公同走車。路寬須五尺餘，近北一代須護短墻，防車踐入地。修工則兩村公攤。該石後堡村并不得以係伊村地界，借口有阻不令走請。事至石後堡村獨自興夫填平，不得派東坪村。該東坪村亦不得以此……從寬，以後復行人阻撓。敢不遵斷者，定往該社首等是問。凜之切切！特諭。

撰書人：趙金聲。
社首人等：劉福則、劉庚申。
衆户人等：劉歲孩、劉正東、劉福慶、劉德貴。
石工：韓泰昌。
住持：劉□□。
大清光緒二十五年歲次己亥仲秋月十五日同立。

清（五）

黄河流域水利碑刻集成·山西卷 七

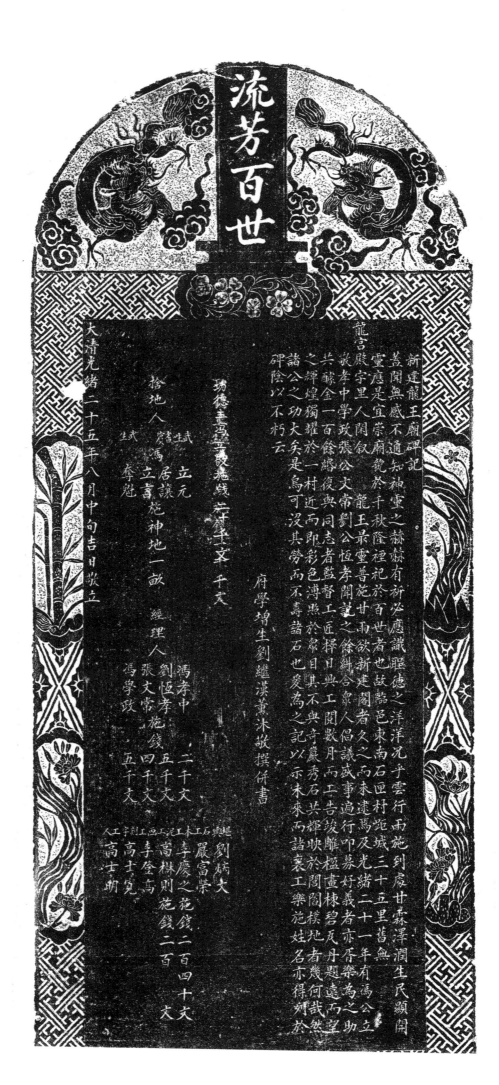

流芳百世

新建龍王廟碑記

蓋聞無感不通神靈之赫濯有祈必應識德之洋洋兄乎雲行雨施到處甘霖澤潤生民顯開
靈應是宜崇祀禮於百世者也故酷邑東南石匣村距城三十五里舊無
龍宮殿宇里人閒於龍王廟於千秋隆禋祀百世者久之而未逮馬及光緒二十一年有馮公立
敬孝中學政張公文常劉公最靈普施甘雨欲新建閣者人侶議咸事過行叩慕好義者亦皆樂為之助
其釀金一百餘緒合泉共督工匠閱數月而工閱竣行雕楹畫棟遠望
之輝煌獨耀於一村近而即影色溥照於泉目其不典奇秀石其輝映於閭閻橫地者幾何哉然
諸公之功大矣烏可泯其勞而不壽諸石也爰為之記以示未來而諸襄工樂施姓名亦得列於
碑陰以不朽云

府學增生劉繼漢薰沐敬撰併書

功德主馮天義殷高線茬羊壬辛 千文

捨地人 賞馮居讓立書施神地二畝

武立元

生武奪魁

經理人 張文常 馮學政

馮孝中 二十文
劉恆孝施錢 四千文 五十文

堰典 劉炳大
嚴富榮
李慶之施錢 二百四十文
蜀樑則施錢 二百

石工 木工 泥工 泥工 剗工 宇工人
李登與 高士寬 高士朗

大清光緒二十五年八月中旬吉日欵立

933. 新建龍王廟碑記

立石年代：清光緒二十五年（1899年）
原石尺寸：高157厘米，寬66厘米
石存地點：呂梁市臨縣大禹鄉石匣村龍王廟

〔碑額〕：流芳百世

新建龍王廟碑記

　　蓋聞無感不通，知神靈之赫赫；有祈必應，識聖德之洋洋。況乎雲行雨施，到處甘霖，澤潤生民，顯開靈應，是宜崇廟貌於千秋，隆禋祀於百世者也。故臨邑東南石匣村距城三十五里，舊無龍宮殿宇。里人閑叙，龍王最靈，普施甘雨，欲新建閣者久之，而未逮焉。及光緒二十一年，有馮公立敬、孝中、學政，張公文常、劉公恒孝聞説之餘，糾合衆人，倡議盛事。遍行叩募，好義者亦胥樂爲之助，共釀金一百餘緡。復與同志者監督工匠，擇日興工，閱數月而工告竣。雕楹畫棟，碧瓦丹題。遠而望之，輝煌獨耀於一村，近而即之，色彩溥照於衆目。其不與奇岩秀石共輝映於閭閻樸地者幾何哉！然諸公之功大矣，是烏可没其勞而不壽諸石也。爰爲之記，以示未來，而諸襄工樂施姓名，亦得列於碑陰，以不朽云。

　　府學增生劉繼漢薰沐敬撰併書。

　　功德主馮立敬施錢二十千文。

　　捨地人：武生馮立元、耆賓馮居讓、馮立言、武生馮奪魁，施神地一畝。

　　經理人：馮孝中施錢二千文，劉恒孝施錢五千文，張文常施錢四千文，馮學政施錢五千文。

　　堪輿劉炳文，石工嚴富榮，木工李慶之施錢二百四十文，泥工高槑則施錢二百文，画工李登高，刻字高士寬，工人高士明。

　　大清光緒二十五年八月中旬吉日敬立。

黄河流域水利碑刻集成·山西卷 七

創修后城

西北厨房諸

及堂殿東

山□委誌

門下水井

當聞大上貴德其次務施衆禮也勞村人得子堅善而無以報其恩焉不幾非禮予雖然予心終不忍忘也
略言之夫斯頭凰景之美久為諸人士所欲居然皆以去水遠而下果即予也因身弱憚勞於光緒十九
□弟子管養而於斯赤以水遠明年而返手村越二十二年正月予定設教於蘆門寺而村人不欲予遠
□於頭上毀水井事遇有馬塔張德先求相扶甚泰無並未池兩遂聞工竣四月初旬有趙堂曰俺村衆修余
苗莫非破背契首石之人盡是程禮楊砌石者楷尖尭映血和泥者手掌腫而腰常酸乃如是跟
□二百餘工方得落成然是時天已燦熱在井中有連石難坎而過身汗滴在井上者石塊屢磨困疼燒
人皆蹋躍以赴者何也諸納首物勉芟助予與諸弟子安於斯其小有不便者不忍予一人全費社久陸續幇錢九十又明年
院設西明水道以上諸工共費錢二十餘千村人以修堂殿西厨房兩間明年春繪畫南殿東牆修西煖閣雨間亦時
炕鋪地杜東西風冬不西小路及井上一切水渠冬為公師不容于輸南殿東厨房
太夫凡士㭊旧予院無德以化村人久無才以理村事村有□□經特揭而始成法數者難在公所修理實因予設教
恩真重寄子阮無德以化村人人無才以理村事村有□未足與諸殿相陪後有能繼長增高者予日望之矣

張宇慶生門王章誌人
門
堂萬□黄□脆生岳並育牛文童王紹先□河村趙萬三牛
庠生王昶岳趙沃潤張夢銘岳岳門
庠生岳並育牛 張鳴鑾城岳門
庠生王昉 老中收岳書全文二塔
庠生岳尚書 岳錦標岳四間門閣
庠生王紹先 張維行白雲六
張復勤源基程門
陽高村
劉保春

934-1. 創修后城門下水井及堂殿東西厨房諸工源委誌（碑陽）

立石年代：清光緒二十五年（1899 年）
原石尺寸：高 120 厘米，寬 70 厘米
石存地點：長治市平順縣石城鎮東莊村

〔碑額〕：創修后城門下水井及堂殿東西厨房諸工源委誌

嘗聞太上貴德，其次務施報禮也。若村人待予至善，而無以報其恩焉，不幾非禮乎？雖然，予心終不忍忘也。略言之。夫斯頂風景之美，久爲都人士所欲居，然皆以去水遠而不果。即予也，因身弱憚勞，於光緒十九年，七弟子嘗養疴於斯，亦以水遠，明年仍返乎村。越二十二年正月，予定設教於龍門寺，而村人不欲予遠□，於頂上鑿水井事。適有馬塔張德先來相井基於岳並朱地内，遂開工於四月初旬。有趙堂日領村衆修治，百餘工方得落成。然是時天已燥熱，在井中者，連石難攻而遍身汗滴；在井上者，石塊屢釣而四肢困疼。□畜，莫非破背捵梁；負石之人，盡是裸裎袒裼；砌石者，指尖禿而皮映血；和泥者，手掌腫而腰常酸。乃如是艱，人皆踴躍以赴者，何也？諸糾首勸勉之力也。迨予與諸弟子安於斯，其小有不便者，不忍再勞村衆，又私□炕鋪地，杜東西風路，累西小路及井上一切水渠。冬，修堂殿、西厨房兩間。明年春，繪畫南殿東墙，修西暖閣院，改西門水道。以上諸工共費錢二十餘千。村人以爲公所，不忍予一人全費，社又陸續幫錢九千。又明年分竈各爨，厨屋狹隘，予甚憂慮。村人又於二十五年二月上旬按户輸力，逐畝捐資，創修東厨房兩間。爾時大風十餘日，負石者僾氣而升，累石者呵凍而砌。又幾經拮据而始成。茲數者雖在公所修理，實因予設教，恩莫重焉。予既無德以化村人，又無才以理村事，將何以報之哉？愧不獲已！故於糾首勸勉之力，村衆效力，勒之於石，以垂後世云爾。雖然，東西厨房特草創耳，未足與諸殿相陪，後有能繼長增高者，予日望之矣。

晦養齋主人廩生闔齋王章誌。門人胞弟邑庠生王昶，七品銜佾生王昉，再堂弟王滿交，胞侄王趙拴，庠生岳並育，庠生岳尚書，子王永秀。牛嶺莊文童王紹先，庠生王紹中，豆峪村庠生劉可欲，豆口趙錫昌、趙汝昌、張鴻鑑、張策、張籍，石城岳卯則、葦則水、岳增順、老申峧、岳書金，河峪村趙萬豐，馬塔岳錦標、張維新、張復初，岳四洲、□峪白雪交，源頭□相齊，榔樹園陳丙□，陽高村王周南、劉保倉，以上□□捐錢□□□。

934-2. 創修后城門下水井及堂殿東西厨房諸工源委誌（碑陰）

立石年代：清光緒二十五年（1899 年）

原石尺寸：高 120 厘米，寬 70 厘米

石存地點：長治市平順縣石城鎮東莊村

〔碑額〕：戊戌年以火金□修南殿，地□王滿過漆神□亦加彩繪，兩項共費大錢六千五百文

創修水井及堂殿東西厨房，諸工凡糾首村衆效力者開列於左。

總領首事人廩生王章共捐錢壹拾六千。糾首：趙堂、趙滋、岳營、岳世平、王繼頌錢一百文，王繼明錢一百文，耆賓岳並爕同子岳鑑書錢一百文，岳培昌、趙聚山、王璽施石碑一件，岳增寬錢一百文，趙玨、趙公悅、岳庫、王體仁錢貳百文，王□錢一百廿文，趙學忠錢三百文，以上糾首各施椽兩根。趙培運施錢一百文，趙有賨施椽兩根，岳虎林施錢一百廿文，趙建藝施杆六根。趙聚林錢一百五十文，趙聚水錢一百五十文，各施椽一根。

相井地人馬塔張德先買武生岳並朱井地價錢六百文，張士英買伊井臺下護岸荒地一條價……抹井泥人岳中會、岳並義二百五十文。本村術士趙□。

村衆效力花名：趙堅、趙公平、趙興林、趙聚金、趙學公、趙學謹、趙聚儉、趙聚勤、趙瑨、趙珦、趙公富、趙學財、岳校、岳桂、岳楷、岳培德、岳培禮、岳培成、岳培方、岳金則、岳鄉良、岳鄉善、岳雲交、岳君大、王繼運、王二耿、王寿仁、王黑女、王定則、王德皓、王松齡、王子交、王慶昌、王牛則、王四仁、王輔仁、趙永德、趙學裕、趙學平、趙雲、趙二雲、趙李先、趙公榮、趙學寬、趙學廣、趙學富、趙琇、趙珍、岳慶恩、岳並浸、岳鎖交、岳冬倉、岳並武、岳並文、岳賢書、岳慶全、岳水秀、岳有金、岳三秀、岳中法、趙春平、趙協平、趙富平、趙其平、趙庫、趙金、趙銀、趙安和、趙建岐、趙琦、趙聚庫、趙有智、岳增、岳盛、岳緒瑞、岳秋元、岳培元、岳培立、岳桂交、岳發、岳匡洪、岳培環、岳二圈、岳□則、王趙鎖、王根鎖、王魁仁、王柱則、王鎖柱、王德成、王繼周、王冬則、王史旦、王四金、趙保鎖、趙金鎖、趙交存、趙滿全、趙女交、趙鏪、趙從曰、趙江、趙丙珍、趙丑交、趙順則、趙文錦、趙聚生、趙有則、岳積倉、岳毓才、岳金元、岳春則、岳胖孩、岳成元、岳群則、岳火林、岳冬英、岳遠秀、岳趙定、岳記元、岳本義、岳金來、岳本禮、岳青秀、岳青安、岳進財、岳雲祥、岳進寶、岳慶存、岳本仁、岳牛則、岳哼狗、岳群水、岳孔林、岳山青、岳魁竜、付璧、岳深則、岳洪則、付慶來、張圪蘭、岳培義、岳青川、岳克讓、岳克儉、岳鎖則。

祖母岳二軟施錢二百文，母王松令施錢二百文，祖母王谷秀錢三百文，母王更交錢一百五十文，祖母王慶昌錢一百文，母王永秀錢二百文，祖母趙減包、母趙荷仁、母岳大眼、母王聚金、母趙滿全、母趙俊、母趙水則、母趙學公、母趙學財、母趙岳□、母岳乾保、母岳萬□、母趙根倉，以上諸母施錢一百。

丙申年仲秋本村居民趙學忠因妻小産病危，百方不效，祈求。

光緒三年歲次丁丑夏麥頗可。飢饉在秋，秌麥未種，幾遍九州，冬及春日，五穀價優。斗米千五，斗麥千□。粗糠一斤，三十難求。流民凍餒，親戚不收。回想斯時，心酸淚流，勸爾後人，勤儉是由。蓄積富□，凶年□□。因刻此數語。

清（五）

吕祖默□而病遂愈。次年夏重繪南殿前檐共費錢二十三千文。

木工：本村趙峻、岳思祖。

丹青：豆峪劉二定。

右列諸名葦則水、生員岳蘊玉書丹，施錢一百五十文，王家莊武生王潤施錢一千文，趙聚山捐錢二百文。

石工：林邑曹吉□、東冶曹全□。

大清光緒二十五年歲次己亥八月吉日立石。

《創修后城門下水井及堂殿東西廚房諸工源委誌（碑陰）》拓片局部

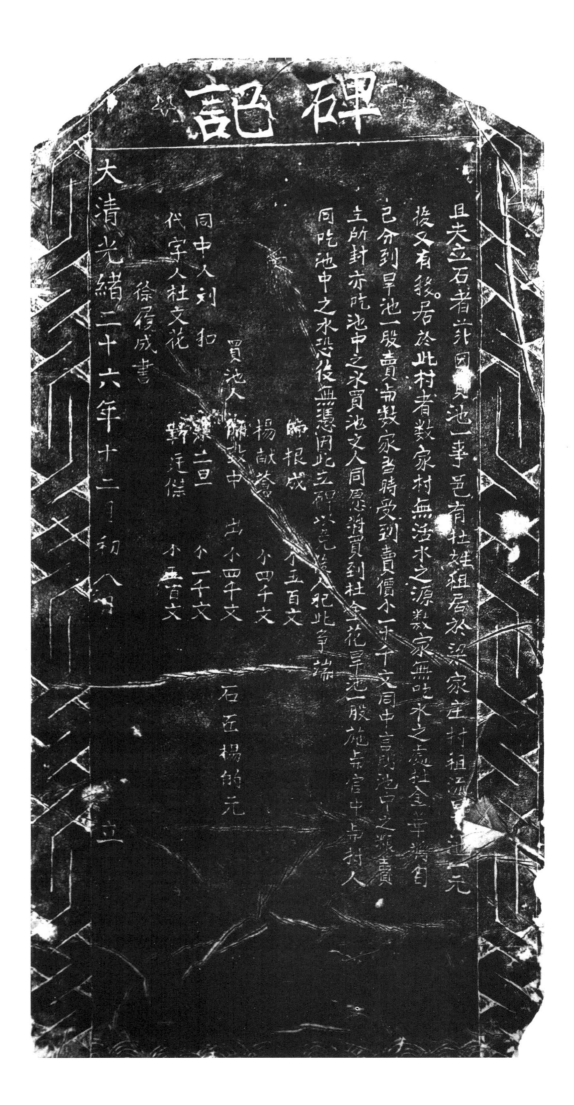

碑記

且夫立石者北園貝池一事邑有杜姓祖居於梁家庄村祖流傳下□元

授又有後。君於此村者数家各時受到賣水之源数家無吃水之處杜金二年將目

己今到旱池一股賣与数家各時受到賣價不一千文同中言成池中之□賣

立所封亦吃池中之永買池文人同愿消買到杜金花旱池一股施与寺官中寺村人

同吃池中之水恐後無憑用此立碑以笔後人犯此爭端

買池人　閻址成　楊献蒼　師根成

　　　　　　　　　個玉百文
　　　　　　　出小四千文
　　　　個四千文
　　　出小四千文
　　　個一千文
梁二旦　韓廷傑　小五百文

石匠楊的元

同中人劉扣
代字人杜文花
徐復成書

大清光緒二十六年十二月初八日立

935. 買池碑記

立石年代：清光緒二十六年（1900 年）

原石尺寸：高 155 厘米，寬 56 厘米

石存地點：晉中市和順縣牛川鄉梁家莊

〔碑額〕：碑記

且夫立石者，茲因買池一事。邑有杜姓，祖居於梁家庄村，祖流旱池一元，後又有移居於此村者數家。村無活水之源，數家無吃水之處。杜金華將自己分到旱池一股賣與數家，當時受〔收〕到賣價錢一十千文。同中言明：池中之粮賣主所封，亦吃池中之水。買池之人同愿將買到杜金花旱池一股施與官中，與村人同吃池中之水。恐後無憑，因此立碑，以免後人犯此争端。

徐履成書。

同中人：刘和。

代字人：杜文花。

買池人：師根成出錢五百文，楊献蒼出錢四千文，師致中出錢四千文，梁二旦出錢一千文，靳廷傑出錢五百文。

石匠：楊的元。

大清光緒二十六年十二月初八日立。

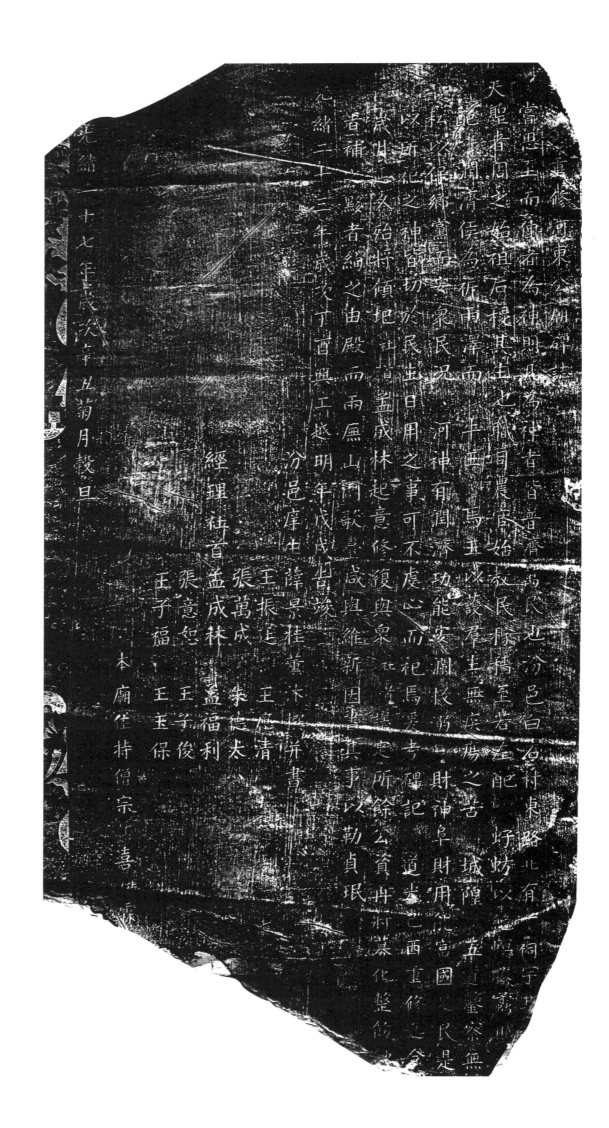

936. 白石村重修河東公廟碑誌

立石年代：清光緒二十七年（1901 年）

原石尺寸：高 132 厘米，寬 64 厘米

石存地點：呂梁市汾陽市演武鎮白石村

重修河東公廟碑誌

嘗思至而伸者爲神，則凡爲神者皆普濟萬民也。汾邑白石村東路北有一祠宇，其□□龍天聖者，周之始祖后稷。其生也，職司農官，始教民稼穡。至若左配蚜蚄以絶螟螣蟊賊，□配潤濟侯爲祈雨澤，而牛王、馬王以護群生無疾瘝之苦，城隍、五道鑒察無私，以保鄉黨而安衆民，況河神有潤濟功，能安瀾救溺，財神阜財用能，富國足民。是以所祀之神，皆切於民生日用之事，可不虔心而祀焉？爰考碑記，道光己酉重修迄今，歲月延久，殆將傾圮。社首孟成林起意修復，與衆社首議定，所餘公資再將募化整飭。蝕者補之，黦者絢之。由殿而兩廡、山門、歌臺，咸與維新。因書其事，以勒貞珉。

光緒二十三年歲次丁酉興工，越明年戊戌告竣。

汾邑庠生薛景桂薰沐撰并書。

經理社首：孟成林、孟福利、張萬成、朱德太、張意恕、王子俊、王振廷、王應清、王子福、王玉保。

本廟住持僧宗喜，徒霖□。

光緒二十七年歲次辛丑菊月穀旦。

洪峒縣正堂加五級紀錄十次

大清二十八年五月　　穀旦立

經理人賀春榮
　　　　賀運亨　　　杜渭南
　　　　　　　　　　郝維忠
　　　　賀振銕
　　　　賀鴻鈞　　　杜真卿
　　　　　　　　　　杜維澤
　　　　賀瑞朝
　　　　　　　　杜　忠
　　　　　　　杜維俊
　　　　　　社郝燮堂

937. 孟高村公議渠規碑

立石年代：清光緒二十八年（1902 年）
原石尺寸：高 115 厘米，寬 62 厘米
石存地點：晋中市太谷區胡村鎮孟高村

〔碑額〕：萬善同歸

欽加同知銜賞戴花翎特授太谷縣正堂加五級紀錄十次洪爲諭遵事：

據孟高村地户郝繼惠等聯名稟稱，該村東南舊有永順渠一道，歷年來渠務不振，水利不興，稟請另舉妥人，諭飭接充等情到縣。據此，除批示外，合行諭示爲此諭。仰該村渠甲社首人等一体遵照，趕緊將永順渠渠長甲頭事務飭給賀春榮等六人經理，以期整頓公事，水利開復，灌漑瘠沃地畝，有益民生。自此，秉公辦理，挨次輪流，渠規復振，水利得興。該村民等當知：舉派妥人，認真辦理，實爲預備荒旱起見。倘有刁頑之徒，藉端阻擾，准即扭稟送案，決不姑寬。各宜凛遵，毋違！特諭！

今將公議渠規臚列於左：

一、每年渠長甲頭，歸經理人從公選擇，既經選出不准推辭。
一、渠上所存錢項，勿論經理、渠長、甲頭，不許挪借，違者重罰。
一、渠上帳目，每年十月初一日，會同經理核算，不准遲延推後。
一、日後有人攪擾渠事，勿論渠長、甲頭，具稟官究治，絕不寬貸。
一、每年執年渠長，年終協同經理，將錢項、簿帳并器俱等物，交下年執年渠長經管。
一、執年渠長、甲頭，凡遇渠事，悉與經理人裁處，不得擅專，以致誤事。
一、日後遇有事故商辦，經理人非有緊急大事，不准推托，不遵者重罰。

經理人：賀春榮、賀運亨、杜渭南、賀振鉞、郝繼惠、賀振鈞、杜鴻南、賀真卿、賀瑞朝、杜聯英、杜繼澤、杜惠、杜繼俊、賀焕堂。

大清光緒二十八年五月穀旦立。

源泉平訟記

邑東南孤岐山勝水所出俗謂之鴛鴦泉又謂之源泉而洪山河之源亦發端於是涸地若干頃設水老人經理其事舊典貽罪至

織至悲百年以來軍循罔越歲庚子洪山村民未會泉村興修池邊言既啟訟端斯開村近源泉民泉而俗悍少年狂狡乘隙恣

橫毀碑救區殿傷三河渠長其等事遂上聞委員會鞫未克竣屧平其訟遂於上巳日廟祀親諸

其地乃屬老而告之曰泉居邑之巽方混混如萬斛珠隨地而漯于於士寅二月蒞介首奉台司檄平其訟之而人自絕之可乎令觀大池

之淤泥小池之沙磔日積日淤而何不移爭訟之泉力而治之廟亦破敗傾圮虮巫待更新不此之圖而斷斷於尺寸之水利且今日居一

國朝懲弊定制法已大備委前日會訊豈不大達鄉事者以應得之各毀敗匾參照舊賠修又有日後補修外堰必

須會泉商兌方許開辦章所未及因縣佐衛君以前明歷得之訓自前明歷得為爾後田實和氣致祥

不取也唯泉勤令捐助經費銀二百兩以備修廟動用廢物者靳此惠澤之故歟偕依違麥若他辭屢覆搖訴甚為爾

擅興工作實為訟首唯令捐助經費銀二百兩以惠我黎庶也天方利之而人自絕之可乎令觀大

廟之右所謂有七星泉眼者泉久塞者無涓滴下注所而此上後台司抑予又聞之和氣致祥

言為恭也可固兌泉請記其顛末並附錄判詞四條俾後者覽焉

西至於型仁講讓俗美化行如王公一魁建廟新泉亦盛於昔者安令必異於古所云那則請以予今日之

計開

一被毀碑匾責成洪山村泉照舊賠修道照原式不得增減字句

一池泉分流各照向章以水上鐵板為度三河各村照開渠道水未平板不得開放查鐵板雖有微頒而水誌依舊完好兩造均不

一祠後大池應行修理必須會同公商品准修理池堰不准壅塞池外漏水

一殿傍有房屋三間係三河之沙塋村修蓋光緒二十年盋行借用此房成訟有案嗣後如遇酬神演戲祭祀以及一切因公會

待藉口

無論上游洪山等四村下游三河四十八村均准向東河值年水老人暫時借用不准久佔如損失器具照賠完好若非廟內公

事一概基止

謹□□上四條有關久遠遵守由原斷摘出刊載以備查照

賜進士出身知介休縣事諸暨陳一模撰文

介休縣典史陝州衛海鴻監列

938. 源泉平訟記

立石年代：清光緒二十九年（1903 年）
原石尺寸：高 154 厘米，寬 76 厘米
石存地點：晋中市介休市源神廟

源泉平訟記

邑東南狐岐山勝水所出，俗謂之鸑鷟泉，又謂之源泉，而洪山河之源亦發端於是。溉地若干頃，設水老人經理其事，舊典昭垂，至纖至悉，百年以來，率循罔越。歲庚子，洪山村民未會衆村，興修池泉。違言既啓，訟端斯開。村近源泉，民衆而俗悍，少年狂狡，乘隙恣橫，毀碑敗匾，毆傷三河渠長某等。事遂上聞，委員會鞫，未克允服。予於壬寅二月，茌介首奉台司，檄平其訟，遂於上巳日廟祀，親詣其地，乃屬耆老而告之曰："泉居邑之巽方，混混如萬斛珠隨地而涌，天之所以惠我黎庶也。天方利之，而人自絶之，可乎？今觀大池之淤泥，小池之沙礫，日積日淤，何不移爭訟之衆力而治之？廟亦破敗傾圮，亟待更新，不此之圖而斷斷，於尺寸之水利，且同居一方，望衡對宇，孰非姻婭世戚而重訟不休，積嫌生隙，豈不大違鄉里睦姻之訓？自前明歷國朝懲弊定制，法已大備。前日委員會訊，諭以悉遵舊規，并治滋事者以應得之咎。毀敗碑匾，斷令照舊賠修。又有日後補修外堰，必須會衆商允，方許開辦，以補舊章所未及。本縣檢閱判語，至公極允，無可更易，乃猶依違支吾，摭拾他辭，反覆控訴，甚爲爾耆老等不取也。"兩造聞言唯唯，各悔前非，願具遵依。因命縣佐衛君海鴻，城紳李君天相，居間以和其事。主持修池者爲洪山渠長田寶和，擅興工作，實爲訟首，勒令捐助經費銀二百兩，以備修廟動用，庶使後來知警。案既結，因即以此上復台司。抑予又聞之："和氣致祥。"廟之右所謂有七星泉者，泉眼久塞，無涓滴下注，亦思造物者靳此惠澤之故歟！倘懲毖於今日之訟，一反前繆，由此父詔兄勉，推而至於型仁講讓，俗美化行，如王公一魁建廟碑記所載，新泉涌出，源泉亦盛於昔者，安知今必异於古所云耶？則請以予今日之言爲券也可。因允衆請，記其顛末，并附錄判詞四條，俾勒貞珉，爲後者覽焉。

計開：

一、被毀碑匾，責成洪山村衆照舊賠修，遵照原式，不得增減字句。

一、池泉分流，各照向章，以水上鐵板爲度。三河各村照開渠道，水未平板，不得開放。查鐵板雖有微損，而水誌依舊完好，兩造均不得藉口。

一、嗣後大池應行修理，必須會同公商，只准修理池堰，不准壅塞池外漏水。

一、殿傍舊有房屋三間，係三河之沙堡村修蓋。光緒二十年，碗行借用此房，成訟有案。嗣後如遇酬神、演戲、祭祀，以及一切因公會議，無論上游洪山等四村，下游三河四十八村，均准向東河值年水老人暫時借用，不准久占。如損失器具，照賠完好。若非廟內公事，一概禁止。

以上四條，有關久遠遵守，由原斷摘出刊載，以備查照。

賜進士出身知介休縣事諸暨陳模撰文，介休縣典史陝州衛海鴻監刊。

光緒二十九年孟月吉日立。

939. 重修龍天土地廟碑記

立石年代：清光緒二十九年（1903 年）

原石尺寸：高 156 厘米，寬 63 厘米

石存地點：晉中市左權縣麻田鎮西安村土地廟

重修龍天土地廟碑記

自來無開來之人，則創建之功不立；無繼往之人，則創建之功仍不能保。盖事關乎創，則開來者之可以啟先；事□乎因，非繼往者之不足以承厥後也。距城百十里許西安村，柏靈山前舊有龍天土地廟一所，不知創自何代，而碑珉不存，無誌可考。第此山爲一方之屏蔽，三村之保障，其神雖名爲土地，而村中祈風禱雨，被福蒙庥，往往感應最速，靈迹素著，故遠近進香之人，往來不絕焉。迄自今，歷年久遠，日積月深，漸爲風吹雨剥，水潤潮浸，或而梁傾柱折，或而屋倒牆頹，蕭條之壯 [狀]，不堪寓目。使不有繼往者以措□之，不幾使先人經營之苦志與良工工作之勤勞化爲烏有乎？有東安村處士郭瑛等，目擊心傷，不覺喟□嘆曰："吾儕生長斯土，被澤何深！若使荒敗如此，不即修理，不獨無以對我神，亦將何以對我先人乎？"因而□諸同志，共襄厥事。自去年四月間，鳩工興作，以至今年，而一年之間，重修正殿三間，新建正殿兩間，共爲五□，又修東西廊房各兩間。其事雖名爲重修，而經營之苦，與工作之美，實不啻爲新創。孰謂非繼往者之功哉！□成，屬序于予。予不敏，因念諸公善志，故不揣固陋，敢援筆而爲之誌云。

遼州庠生趙政燦敬撰，文童陳國璽敬書。

山主：西崖底劉良。

維首：陳國璽、劉文炳、郭瑛、郭巍然、張成錦、路占鰲、郝進禄、劉大順、李重華、張秀錦、郭潤餘、郭晴嵐、郭進財、張茂、李福保、魏小保、王崇順、王富成、路金保、路□祥、白同天、陳國珍。

社首：李淮、魏天貴、劉丙登、劉清明、郭發智、路三九。

西崖底村：租貳百六十五石八斗。東安村：租壹百五十六石七斗。西安村：租貳百六十八石。三村共合租六百九十石零五斗，每壹石起錢壹百六十文。

陰陽：郭天福。

泥木匠：郭法□、劉有元。

玉工：武邑山底閆志和。

鐵匠：張永興。

丹青：常金和。

大清光緒二拾玖年歲次癸卯十二月廿五日。

流芳百世

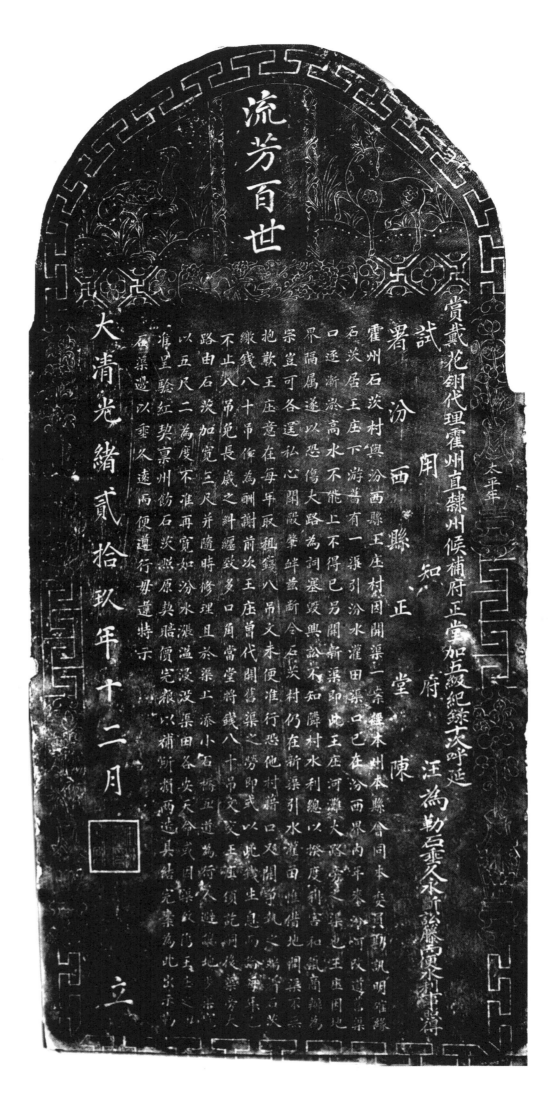

太平年

賞戴花翎代理霍州直隸州候補府正堂加五級紀錄十次呼延

試用 府 知 正堂 陳

署 汾西縣 用

汪為勤石爰人永新鐫屬張濬渠利士容

大清光緒貳拾玖年十二月

立

940. 石茨王莊水渠管理碑記

立石年代：清光緒二十九年（1903 年）
原石尺寸：高 140 厘米，寬 66 厘米
石存地點：臨汾市霍州市退沙街道什林村香山廟

〔碑額〕：流芳百世

太平年

賞戴花翎代理霍州直隸州候補府正堂加五級紀錄十次呼延、試用知府汪、署汾西縣正堂陳，爲勒石垂久，永斷訟籐而便水利事：

照得霍州石茨村與汾西縣王庄村因開渠一案。經本州、本縣會同本委員勘訊明確，緣石茨居王庄下游，舊有一渠引汾水灌田，渠口已在汾西界內。年來汾河改道，舊渠口逐漸淤高，水不能上，不得已另開新渠，即此王庄河灘大路旁之渠也。王庄因地界隔屬，遂以恐傷大路爲詞塞毀興訟，不知鄰村水利。總以揆度利害、和氣商辦爲宗，豈可各逞私心，鬥毆肇釁！茲斷令，石茨村仍在新渠引水灌田，惟借地開渠不無抱歉。王庄意在每年取租錢八吊文，未便准行。恐他村藉口又開爭執之端，着石茨繳錢八十吊作爲酬謝。前次王庄曾代開舊渠之勞，即或以此錢生息而論，每年已不止八吊。免長歲之糾纏致多口角，當堂將錢八十吊文交王庄領訖。嗣後渠旁大路由石茨加寬三尺，并隨時修理，且於渠上添小石橋五道，爲行人避讓地步。渠寬以五尺二爲度，不准再寬。如汾水漲溢浸沒渠田，各安天命。或因渠致傷王庄之田，准呈驗紅契稟州，飭石茨照原契賠價完糧，以補所損。两造具結完案，爲此出示勒石渠邊，以垂久遠而便遵行。毋違！特示。

大清光緒貳拾玖年十二月立。

清（五）

2031

941. 重修黃龍王廟灣碑記

立石年代：清光緒三十年（1904年）

原石尺寸：高162厘米，寬60厘米

石存地點：大同市廣靈縣作疃鎮邱家灘村

〔碑額〕：永垂不朽

重修黃龍王廟灣碑記

邱家疃之西北，有卷阿焉，石穴天成，窺之窈然。旁有甘泉謂之□□，昔人之……黃龍王廟於茲也，蓋取山川出雲澤潤民生之義也。然代遠年……衆社首同議修葺。因由本村及外鄉竭力捐資，飭材鳩工……日月之幾何，而廟貌復新矣！工既竣，屬文於余。余曰：孔子之……以潤之，日以暄之。詩人之歌大田也，曰："有渰萋萋，興雨祁祁。"重……渥沾足哉？況黃龍之見史册紀瑞，則雨之靈，實源於龍之……孟夏勒碑銜名，一以答神庥於靡既，亦以旌衆善於不朽云。

廣邑庠生鄧昉撰，□鄉庠生邱鶴鳴書。

（以下碑文漫漶不清，略而不錄）

大清光緒叁拾年桃月□旦。

福緣善慶

942. 重修龍王廟碑記

立石年代：清光緒三十年（1904 年）
原石尺寸：高 120 厘米，寬 61 厘米
石存地點：晋中市壽陽縣温家莊鄉温家溝村

〔碑額〕：福緣善慶

重修龍王廟碑記

敝村當年建立聖母諸神，於道光年間重修以來，歷年已久，風雨催殘，傾頹不堪。父老憂之，衆議葺之。乃功程浩大，量力不加，給散緣簿，捐助資財。今已工成告竣，理宜勒石。經商才學淺薄，何能深叙，則以將樂善之由，注録爲此云爾。

會茶温敦仁、温敦厚，開光供主姜生發，扶碑供主温劼昌。

總理糾首：姜敬忠施銀一兩四錢，岳峨施銀二兩，温克鰲施銀四兩，姜毓山施銀叁兩，温克謙施銀壹兩二錢，武奎楊、姜鴻運各施銀肆兩，温根達施銀肆兩伍錢，張秉直施銀肆拾伍兩，姜鴻藻施銀拾兩，岳峻施銀伍兩，岳峰、姜正忠各施銀叁兩，姜立忠施銀二兩二錢，張秉楨、温克宝、姜永忠、温克明各施銀二兩，温根仁施銀一兩二錢，張秉義、姜來生、温根蟠、温宝義各施銀壹兩，温克狡、温克永、姜生芳各施銀八錢，姜鴻德施銀六錢，岳峻施月梁一根，姜鴻喜施銀五錢，武符玉、武符春、武符生共施銀五錢，馬得武、武符榮、武符金、武□梧、姜生慶、姜生琪、温克榮、温克炎以上各施銀肆錢，姜鴻梅施銀二錢，張培厚施銀四錢，温根枝施銀六錢，温劼昌施銀二兩，温敦仁、温敦礼、温敦義、温敦智共銀四兩二錢，温敦厚施山用石，姜生發施銀二兩，高洪謨施銀二錢，段定業施銀六錢，孫乃賢施銀二兩，廣源當施銀一兩五錢，南楊家溝施銀一兩六錢，忠義園施銀二兩，上程子京、侯家瑙、寶家溝各施銀一兩二錢，姜安聘、姜安讓各施銀八錢。

合村共入地畝錢貳百柒拾六千八百柒拾文，共入布施錢肆百四拾二千壹百七拾壹文。

出一切修理花費采□開光竪碑賠頭短數錢柒百壹拾九千零一文。

鐵筆李學正，石匠賈亨宝，木匠傅太花施銀五兩，画匠李端謨施銀六錢，鐵匠武符玉、温根義、温克謙。

大清光緒三十年孟夏下旬吉立。

大清光緒三十年歲次八月二十七日立

稷山縣鐵筆工匠孫招財馬德印敬刊

943. 龍王廟碑記

立石年代：清光緒三十年（1904 年）

原石尺寸：高 160 厘米，寬 70 厘米

石存地點：呂梁市柳林縣莊上鎮南社村

昔先王以神道設教，而後世之創修廟宇者，所在多有，而其舉之莫敢廢焉，豈不貴乎隨時補葺哉！縣治西離城七十里南社村，舊有古廟一座，正殿天神、龍王、伯王、風塵、虸蛾；左釋家佛、孔聖、老君；右二郎、關帝、牛王；對面樂楼一座、鐘鼓二楼，創建原來久矣。歲月之經歷孔多，風雨之凋零已久。□墉未免鼠牙之慮，集屋必增雀角之憂。毀傷之形觸於目，頹圮之象感於心。里人各捐己資，會議重修，以爲設齋之所。計其始末，約費白銀八百有奇。是則創修者既舉於前，補葺者莫廢於後。其焕然改觀，非徒邀神功之浩荡，亦聊成庙貌之輝煌。而先王設教之意，庶幾萬世允賴歟！是爲序。

本邑西塬村任長春薰沐謹撰并書，施錢八百文。

經理糾首：杜恒福施錢伍千文，杜能温施錢伍千文，張芳施錢伍千文，張開基施錢拾千文，杜丕玉施錢伍千文，杜甫施錢伍千文，杜恒昇施錢捌千文，杜恒錦施錢貳千文，□璨施錢□千文，張鳳榮施錢叁千文，張富發施錢伍千文，張文炳施錢壹千文，張開禮施錢貳千文，杜恒禄施錢壹千五百文，募化錢一十六千文。

本社施錢人：寧鄉縣正堂加五級武捐銀拾兩，寧鄉縣儒學正堂葉捐銀伍兩，寧鄉縣城守司王捐銀伍兩，寧鄉縣右堂馬捐銀伍兩，甘肅省靈州正堂趙捐銀壹封，柳林鎮高俊權施錢壹拾六千文，龍溝村薛榮財施錢柒千文，張開喜施錢三千，張天福施錢三千，張天恩施錢三千，杜能良施錢三千，杜能儉施錢三千，張開英施錢三千，杜丕金施錢二千四，杜丕宜施錢二千四，張書相施錢二千四，張開玉施錢二千，張富福施錢二千，杜長滿施錢一千五，杜恒泰施錢一千五，杜信施錢一千五，杜福末施錢一千五，張成榮施錢一千五，張成起施錢一千，杜恒祥施錢一千，杜恒榮施錢一千，張書宗施錢一千，杜恒有施錢一千，杜恒禎施錢一千，杜恒林施錢一千，杜末管施錢一千，杜長春施錢一千，杜本恒施錢一千，杜能讓施錢一千，張開元施錢一千，刘潤枝施錢一千，張根旺施錢一千，杜天保施錢一千，杜恒秀施錢一千，張開有施錢一千，程朋義施錢一千，杜能金施錢五百，杜恒清施錢五百，張登雲施錢五百，張開財施錢五百，張開智施錢五百，杜長運施錢五百，楊建長施錢五百，杜末施錢五百，杜起家施錢五百，張富財施錢五百，杜長元施錢五百，張富生施錢三百，杜恒施錢三百，杜苟不聞施錢五百，杜三臉施錢二百。

張家灣：刘其昌施錢五千，刘晋昌施錢二千，刘丕富施錢二千，刘存昌施錢一千五，刘瑞昌施錢一千二，刘文焕施錢一千，刘富魁施錢一千，刘丕振施錢一千，梁國賢施錢一千，尹府春施錢一千，刘晋魁施錢一千，梁國棟施錢一千，尹府義施錢六百，尹府年施錢五百，侯榮長施錢五百。梁國彦、尹府存、尹府龍、梁玉枝、刘天富、刘潤槐、梁來義，以上各施錢五百。刘丕陽、刘永利、刘富生、刘富來、梁樂義、尹德昌、侯榮興，以上各施錢三百。梁國鼎、尹高管、高世堂、刘起首、尹貴昌，以上各施錢二百。

閆家灣合社施錢四千五百，薛家嶺合社施錢三千，柳林鎮施錢一千，山頭張丕基施一千五，張士孝一千五，張培岐施錢一千五。張永茂、張永清各施錢一千二。生員張光泰、張培領、張丕

承、張丕德、張永善、張永泰、張永森、張應平，以上各施錢一千。張培芝七百，張士懷、張永芳、張永海、張永寶、張映奎、張應錢、張應光、張應達、張永成、張錦榮、張應林、張永正、張培蘭、張培英、張永林、張永春各施錢五百。

曹家山村：曹有棟、高廷領、曹爾江、曹廷貞各施錢一千。曹致和、曹樹有、曹應仕、曹爾玉、曹致亨、曹玉喜、高廷椿、曹玉良各施錢五百。高廷陽、曹致光、曹樹成、曹致順、高致金、曹爾吉、張萬秋、曹應斌、高文炳、高文灼、高文輝、曹樹桐、曹玉公、高文振各施錢三百。

紅瑪村趙能榮、趙學閔、趙學增、王學忠、趙學恩各施錢二百文。

泥匠曹老班，後山上刘養賢、刘有良、刘恩恭各施錢二百文。

木匠李昌學，丹青白全德，住持杜恒。

稷山縣鐵筆工耆賓孫招財、門徒馬德周敬刊。

大清光緒三十年八月二十七日立。

築聚而後世之創修葺蕆宇者、所在多有而其舉之莫敢
矯一座正殿 天神龍王 伯王風塵蚱蛦
鍾鼓二樓創建原來未久矣歲月之經歷孔多風雨之凋
顏地之象感於心里人各捐已貲會議重修以為設齋
莫廢於後其煥然改觀非徒邀神功之浩寫亦聊成
邑西塬村任長春薰沐謹撰、并書

《龍王廟碑記》拓片局部

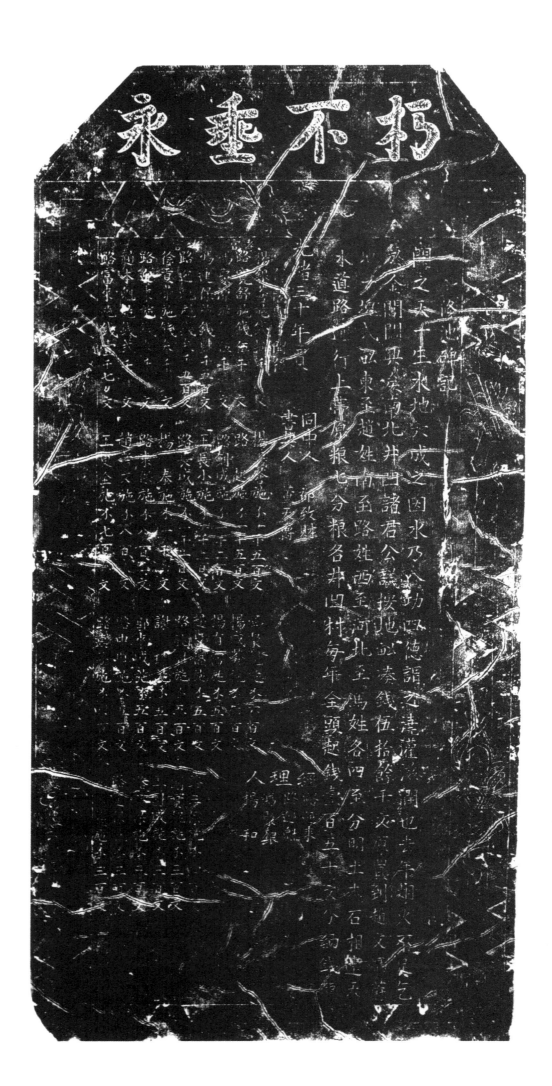

944. 修池碑記

立石年代：清光緒三十年（1904 年）

原石尺寸：高 157 厘米，寬 56 厘米

石存地點：晋中市和順縣青城鎮井窪村

〔碑額〕：永垂不朽

修池碑記

聞之天一生水，地六成之。因水乃八功四德，謂之澆灌滋潤也。去年烟火不足，乞於金，閭閻興矣。南北井凹諸君公議：按地畝凑錢伍拾餘千文，原買到趙文炳麻地一塊貳畝，東至趙姓，南至路姓，西至河，北至馬姓。各四至分明，土木石相連，天水道路通行。上帶原粮七分粮，各井凹村每年全頭起錢壹百五十文分納錢粮。

同中人：祁致財。

書契人：董天爵。

經理人：路迎來、路迎魁、馬聚銀、楊和。

（捐錢人姓名并金錢略而不録）

光緒三十年買。

945. 重修聖泉寺老龍神廟碑記

立石年代：清光緒三十一年（1905年）

原石尺寸：高135厘米，寬70厘米

石存地點：朔州市朔城區下團堡鄉大白坡村北聖泉寺遺址

〔碑額〕：千古流芳

重修聖泉寺老龍神廟碑記

嘗聞石銘有云：山不在高，有仙則名，水不在深，有龍則□。此山之崇山峻嶺，乃仙人修行之所，尤爲朔方之來龍伏脉也。粵稽唐之□德二年，建此寺於黑塔之下。殷勤下綏乎黎元，故鑿井耕田；億萬姓咸占兑澤，精誠上格乎蒼昊，故和風化雨，十八村共□豐年。由是物阜民康，文□漸興。大哉！此寺之足以移風易俗者誠不少矣。自此之後，代遠年深，□頹者已非一日，風雨飄搖。增修者亦多有人，比比然也，不能俱屬。既有創之於前，尤當修之於後，豈可袖手旁規，坐視殘廢□哉！憶自同治繼修以後，其則数十年之久，殿□俱已毀頹，墙垣亦盡摧崩。游觀者□堪矚目，鄉居者亦弗關心。此殘毀□急於修葺既茨，又期於丹腹也。奈寺處深山，人迹罕到，地僻壤偏，目所未睹，即云丸泥可封，□無人以倡之也。逮至今春二月，有本寺之僧人覺恒目睹心傷，日夜思維，常存好施之心，幾經斟酌，每懷樂善之念，於衆鄉中特舉品行端方、望重鄉閭者。幸有……文等偏向周圍村庄，鳩衆庇財，捐資一千餘金。老龍神殿□□人之爲，長府仍舊翻新，南北二院法周祖之繪□閣，人咸□□□神聖，重新修繪諸佛像，依舊金妝。数月之間，聿觀厥成。雖曰人功通力合作，實賴天功以□□□。功竣之餘，刻石注名，索予作序。予不敏，弗勝其□，固辭不獲，因作鄙語，以垂不朽云。

馬邑鄉歲貢生張叙薰沐敬撰，朔州庠生落德邦薰沐敬書。

（以下碑文漫漶不清，略而不録）

時大清光緒三十一年歲次乙巳孟秋上浣穀旦立。

清（五）

補葺堡牆石記

我堡之有堡牆由來舊矣但自光緒十七年修補
以來說今塌毀處甚多村人雖有不忍坐視之心奈
其如籌欵不易經理無人何本年春間衆社首因
社中有存佈施銀叁拾五兩於是商議補葺四周
堡牆與西街井卡頂等處正在興工之際適遇
世隆王公緻本前此重修西門

觀音廟所化之疏頭一道共化佈施銀五拾七兩整
因又議舉南門外東邊公地之上窰蜜口三間戲
臺東社房頂子並桃溝阪坡及其水口碑樓諸是
役也共用過人工二百四十餘但磚瓦灰土共花
錢九拾千有餘工程告竣勒石以記並書芳名以
重不朽

王世發　施銀八兩　　　王禄　施銀五兩
王世隆　施銀八兩　　　王福貴　施銀五兩
王世全　施銀八兩　　　王富貴　施銀五兩
王世昌　施銀八兩　　　王榮　施銀五兩

經理社首高泉旺
任岐豐　馬琛　高守才
王世昌　韓全義　王堯蘭
王世發　孫蘭　王桐慶
馬九顥　張□級
王鋼　王錡　路履讓

大清光緒三十一年九月下浣　穀旦立

946. 補葺堡墙石記

立石年代：清光緒三十一年（1905 年）
原石尺寸：高 53 厘米，寬 73 厘米
石存地點：呂梁市汾陽市三泉鎮趙家堡村關帝廟

補葺堡墻石記

我堡之有堡墻，由來舊矣。但自光緒十七年修補以來訖今，塌毀處甚多，村人雖有不忍坐視之心，其如籌款不易，經理無人何。本年春間，眾社首因社中有存布施銀叁拾五兩，於是商議補葺四周堡墻與西街井卡頂等處。正在興工之際，適世隆王公繳來前此重修西門觀音廟所化之疏頭一道，共化布施銀五拾七兩整，因又議舉南門外東邊公地之上窯窯口三間，戲臺東社房頂子并桃溝阪坡及其水口碑樓。諸是役也，共用過人工二百四十餘個，磚瓦、灰土共花錢九拾千有餘。工程告竣，勒石以記，并書芳名，以垂不朽。

王世昌施銀八兩，王世隆施銀八兩，王世全施銀八兩，王世發施銀八兩，王榮施銀五兩，王富施銀五兩，王貴施銀五兩，王福施銀五兩，王禄施銀五兩。

經理社首：王世昌、任岐豐、高泉旺、王世發、王鋼、韓全義、馬琛、孫蘭、馬允灝、王錡、王兆蘭、高守才、王桐慶、張級、路履讓。

大清光緒三十一年九月下浣穀旦立。

清（五）

重修源神廟碑記

吾鄉洪山村舊有鷟鷟泉上建源神廟內祀堯舜禹三聖所以要神靈而隆報事迺廟創建於北宋累代重修不一歷年既久

大半傾圯弟以民生彫敝籌欵艱難屢議興修弗果歲乙巳春三月邑侯郭公偕倡詣廟祀享畢周視內外見其一望荒涼

為之感歎者久之乃與洪山村公耆郭君之淦劉君德榮楊君立金架頓榮中河老人宋德梧東河老人白恩綬中河老人閭清源西河老

人宋思瀬復議舊觀公復先為提倡捐廉錢壹拾千文四河老人等蹡躍從事各有勤慕和因水案成訟勤令捐助經費銀貳

毀者完之議之其或改作或仍舊務使工堅料實可以垂諸久遠而後止外有甲寶和因水案成訟勤令捐助經費銀貳

錢貳百四拾十文或改創者則龍虎殿興門外之繚垣與旗桿也補葺者則正殿及東西廊樂樓之前

楹門首與橋梁之輝坊也改新建者則樂樓後楹前門龍虎殿後之出簷與殿左之便門通內正殿之耳門也總計泥木石工料共

用錢壹千貳百五拾貳千捌百文至十月中旬而工告成夫作事之難也不難於經理之無人而難於勸導之無術不難於帮

頃之支絀而難於眾志之和同是役也非邑侯提倡之力不至此亦非諸君經營之力至此工既竣爰敘其顛末揭諸

珉以誌不朽云

欽加同知銜賞戴花翎知介休縣事加三級紀錄十次
邑侯郭曾啟捐功德錢壹拾千文

一值年老人

西河捐錢叁百吊零零捌百四拾文
中河捐錢貳百五拾吊零零柒百四拾文
東河捐錢貳百五拾吊零零柒百文
架嶺捐錢貳百五拾吊零貳百文

東河馬雲錦
中河孫希愷
西河宋思瀬
馬思孝

架嶺劉德榮　宋梧　白恩綬　閭清源　等經理

本廟住持羽士梁嘉瑙徒候祥鶴
石匠王德水謹鐫

大清光緒三十一年歲次乙巳十二月初十日立

947. 重修源神廟碑記

立石年代：清光緒三十一年（1905年）

原石尺寸：高240厘米，寬74厘米

石存地點：晋中市介休市源神廟

重修源神廟碑記

吾鄉洪山村舊有鸞鷟泉，上建源神廟，内祀堯舜禹三聖，所以妥神靈而隆報享也。廟創建於北宋，累代重修不一，歷年既久，大半傾圮，第以民生凋敝，籌款艱難，屢議興修弗果。歲乙巳春三月，邑侯郭公循例詣廟，祀享畢，周視内外，見其一望荒凉，爲之感嘆者久之，乃與洪山村公耆郭君之淦、劉君德榮、楊君立金，架嶺河老人劉德榮、宋梧，東河老人馬雲錦、白恩綏，中河老人孫希愷、閻清源，西河老人宋灝、馬思孝，議復舊觀。公復先爲提倡，捐廉錢壹拾千文。四河老人等踴躍從事，各出勸募，鳩工庀材，擇吉於七月十一日興工。毀者完之，缺者補之，其或改作，或仍舊，務使工堅料實，可以垂諸久遠而後止。外有田寶和因水案成訟，勒令捐助經費銀貳百兩，作錢貳百四拾千文。重新建修則樂樓後楹，前門龍虎殿與門外之繚垣與旗杆也；補葺者則正殿及東西廡、樂樓之前楹、門首與橋梁之牌坊也；改創者則龍虎殿前之出檐、殿後之屏門與殿左之便門、通内正殿之耳門也。總計泥木石工料共用錢壹千貳百五拾貳千捌百文。至十月中望而工告成。夫作事之難也，不難於經理之無人，而難於勸導之無術；不難於帑項之支絀，而難於衆志之和同。是役也，非邑侯提倡之力不至此，亦非諸君經營之力不至此。工既竣，爰叙其顛末，揭諸貞珉，以誌不朽云。

欽加同知銜賞戴花翎知介休縣事加三級記録十次邑侯郭曾啓捐功德錢壹拾千文，架嶺捐錢貳百五拾吊零七百文，東河捐錢貳百五拾吊零七百文，中河捐錢貳百吊零零五百六拾文，西河捐錢三百吊零零捌百四拾文。

值年老人：架嶺劉德榮、宋梧，東河馬雲錦、白恩綏，中河孫希愷、閻清源，西河宋灝、馬思孝等經理。

本廟住持羽士梁嘉瑂，徒侯祥鶴。

石匠王德淼謹鐫。

大清光緒三十一年歲次乙巳十二月初十日立。

百世其昌

中河捐修源神廟碑

光緒乙巳冬四河捐修源神廟工既竣於丹艧之事未一中河火泉集議以為牆

垣雖固文采未彰殊不足以誌格遍捐欵有餘乃將廟前之虎殿展八尋

照壁牌坊被以丹青施以藻繪耳目所至煥然一新德游真珦書不勝其郭重

衷思焉夫人心不安則神靈不格今者上棟下宇得免傾頽烏草葦焦無識機

陌仝心所既安矣神而有靈底真佑我無疆承是為記

敕授徵仕郎前任定襄汾西縣訓導癸酉科舉人，邑人郭錦章撰文

議敍六品銜邑人曹爾益丹書

中河值年水老人永慶村

閆清源經理

本廟住持梁嘉瑠候祥鶴

石匠張金鐘

孫希愷經理

光緒三十一年十二月吉日立

948. 中河捐修源神廟碑

立石年代：清光緒三十一年（1905 年）

原石尺寸：高 158 厘米，寬 69 厘米

石存地點：晋中市介休市源神廟

〔碑額〕：百世其昌

中河捐修源神廟碑

光緒乙巳冬，四河捐修源神廟。工既竣，於丹臒之事未□也。中河大衆集議，以爲墻垣雖固，文采未彰，殊不足以昭誠格。適捐款有餘，乃將廟前之龍虎殿及八字照壁、牌坊被以丹青，施以藻繪。耳目所至，焕然一新，使游其地者，不勝其鄭重之思焉。夫人心不安，則神靈不格，今者上棟下宇，得免傾頹，鳥革翬飛，無譏樸陋。人心亦既安矣。神而有靈，庶其佑我無疆乎？是爲記。

敕授徵仕郎前任定襄汾西縣訓導癸酉科舉人邑人郭錦章撰文，議叙六品銜邑人曹爾益丹書。

中河值年水老人：永慶村孫希愷、閻清源，經理。

本廟住持梁嘉瑂，徒侯祥鶴。

石匠張金鐘。

光緒三十一年十二月吉日立。

949. 重修波池碑記

立石年代：清光緒三十二年（1906 年）

原石尺寸：高 103 厘米，寬 57 厘米

石存地點：臨汾市霍州市陶唐峪鄉南杜壁村

〔碑額〕：永垂不朽

重修波池碑記

　　盖聞事之創於前者難，而繼於後者亦不易。如杜壁所用之水，發源於義城峪，古時在村東開波池一面，後於乾隆年間因户口繁多担水不便，合村公議捐資復在村中另開一處。其引水渠道用瓦筒埋在地下，使東池之水得由瓦筒經過。乃歷有年所，瓦筒損壞，後雖改明渠引水，然每逢大雨時行，則沿路所遺牲畜等糞，以及不潔各物多冲刷至渠，順水流下，浮在水面，殊属污穢不堪。兼之波池滲漏溜塌，水不够用。村人時有往数里之遥在西溝下担者，困苦至此，何堪設想累歲。香總目睹心傷，情殷欲完此功。無如效勞猶易而措資甚難，故雖有志竟未遂焉。迄至上年春間，有宗君美元者，視用水艱難既如此，社無的款復如彼，而此事係合村之切要，又決不可不成。焦思再三，妙想洪開，特將當時情形禀明大□□賀教士。□教士大發慈悲，捐錢叁拾仟文。即邀同上年香總并村老商議，此曰唯唯，彼曰善善。於是宗君乃與香總等協力同心，興工筑池。然池底雖經築好，而周圍之滲漏溜塌如故也，沿路之冲刷污物如故也。若非再爲妥置修理恐弃前功者，□□小，而飲此不潔之物室碍衛生者實大也。惟宗君有見及此，故今歲春際，復祈教士慈悲，再發捐燒備瓦筒錢貳拾捌千文，□邀本年香總村老等商議成此完璧。亦惟香總并村老等有見及此，故當宗君商議之間，諤諤者固曰是，諾諾者亦無非，衆口一辭，毫無阻滯。於是舉糾工、辦材料、選時日。用石頭以砌岸，新面初開；鋪瓦筒以引水，舊迹復著。是既不忘前人之良□者，復能期後來之革困，謂合村計亦云至矣。不特此也，更恐水流東池時有不潔，復於入瓦筒口安爐底一盤，候水澄清方可放流。總計前後花錢共壹百陸拾仟文有奇。除教士捐外，均係地畞起攤。嗣後波池瓦筒村人咸□認真保護，倘有損壞作踐者議罰。今當工程告竣，爰刻貞珉建立池邊，以彰急公以垂不朽云。

　　謹將所議條規開列於左：

一、車馬有損壞瓦筒者，先令照舊補修，再按筒各科罰銀一兩。

一、人担水，足下踏穢物者罰銀一兩。

一、取土挖見瓦筒者罰銀壹兩。

一、小兒有將臭物擲給池中者罰銀一兩。

　　天主教大司鐸賀榮錫倡捐，六品銜喬國珍撰文，儒學生員俌之劉雲漢校書，六品銜捷三宗美元舉辦。

　　（以下香首、總管等芳名略而不録）

　　大清光緒三十二年清和月穀旦□。

950. 重修真澤宮碑記

立石年代：清光緒三十二年（1906 年）

原石尺寸：高 223 厘米，寬 98 厘米

石存地點：晋城市陵川縣崇文鎮嶺常村西溪二仙廟

〔碑額〕：萬善同歸

重修真澤宮碑記

　　蓋聞民以穀爲食，穀賴雨以成。雨澤不勻則呼天籲地，幾欲禱祀而無門，此西溪真澤仙祠所由創建之遺意也。夫自創建逮及我朝，曾不知幾經修葺。惟自康熙丁巳重修以來，閱二百余年，不□有踵事增華之盛。雖咸豐年略爲□修，而大工亦未敢舉。延及光緒年間，傾圮已不堪睹。賴有邑侯曹、吳二公以禱雨靈應，遂督率紳耆，倡議重修，而且親手作疏，廣爲募化。故動工於丙戌十二年，而告竣於丙午三十二年，其間屢經竭蹶。凡有興作，皆因乎古，不敢改圖，但於西南增修厢房三楹，以擴舞樓内場，局勢頗覺合宜。前後總核大工，共花錢五千餘緡，始得肇飛鳥革，棟宇重新。於戲休哉！是果誰之力歟？雖我執事諸君子相與共贊其成功，而凡取給於松坡，要未始非二仙護佑維持之力也。兹既廢畢舉而願畢酬，庶此後甘霖普護，時無酷暑愆陽，嘉穀告成，人頌豐年樂歲。仙澤之旁敷豈特在於一鄉一邑，凡我善類當罔不被其休歟。因以事之本末并善士仁人，載在貞珉，永垂不朽。是爲記耳。

　　一、凡宮中地界内永禁牛羊入松坡牧放。如違者，有人扯至社内，得賞錢三千文。犯坡者獻戲三天。倘或不遵，送官究處。

　　一、買西掌張姓北平房騾屋五間，又買西角門外張姓地基一處。

　　例授文林郎候選知縣甲午科舉人己丑恩科副榜邑人都桓篆額，例授修職佐郎候選儒學訓導歲貢生邑人武培□敬撰，優行廩膳生員邑人焦源清書丹。

　　欽加同知銜賞戴藍翎候補直隸州署理陵川縣正堂曹憲，欽加同知銜在任候補直隸州本任文水縣調署陵川縣正堂吳曾榮同督工。

　　主神：馬志逵、李國華、焦源澄、馮家鱗、曹學敏、楊長林、都觀揚、焦耀德、曹學曾、甯桂、趙孝先、李進、王東平、劉秀山、都堂椿、趙逢原、婁伯埇、張鳳藻、孫守斌、武培封、焦丑明、王丙辰、李公保、徐文鶴。

　　西社維首：和永順、趙二滿、和聚魁、周天魁、趙根松、和羣枝、馮二保、趙金玉、和永坤、周李景、和桓興、趙根來。南社維首：婁和慶、張合孩、吳起孩、王昌榮、張發喜、婁仲謙、趙發慶、婁福玉、劉懷枝、婁和中、趙發義、劉海孩。北社維首：王懷枝、李先初、李法昌、馬永新、秦文德、秦世才、劉來發、和圪搭、□斗孩、□□玉、劉鳳山、何□山。東社維首：趙松孩、劉運孩、張九皋、張二恒、崔小昌、楊世瑛、張九如、張秦郊、趙小五、和萬興、張小明、常連枝。

　　經理開光：婁伯域、張巧孩。

　　河頭社捐銀伍百兩，前郭家川社捐銀叁百五拾兩，後郭家川社捐銀壹百五拾兩，莊里社捐銀壹百六拾八兩，東規它社捐銀壹百六拾六兩，西規它社捐銀壹百六拾六兩，龍王社捐銀叁百五拾兩，井坡社捐銀柒拾五兩，廟頭社捐銀柒拾五兩，□□□□□施碑石一塊作□□□□。

　　現時人心不古，凡真澤官之松坡□有他人私相砍伐，若不嚴禁，流弊日深。今同主神、四社

維首妥爲永禁，謹將四至勒石以垂不朽。東至東□掌溝，南至分水嶺，北至大河，西至牛家掌河。立石後再有犯者，按人□□罰。

　　石：呂雲清。木：張士成。泥水：韓張育。鐵匠：和萬興。油匠：徐齡、秦□先。石匠：韓同全。玉工：王福元。

　　大清光緒三十二年歲次丙午閏四月穀旦。

《重修真澤宮碑記》拓片局部

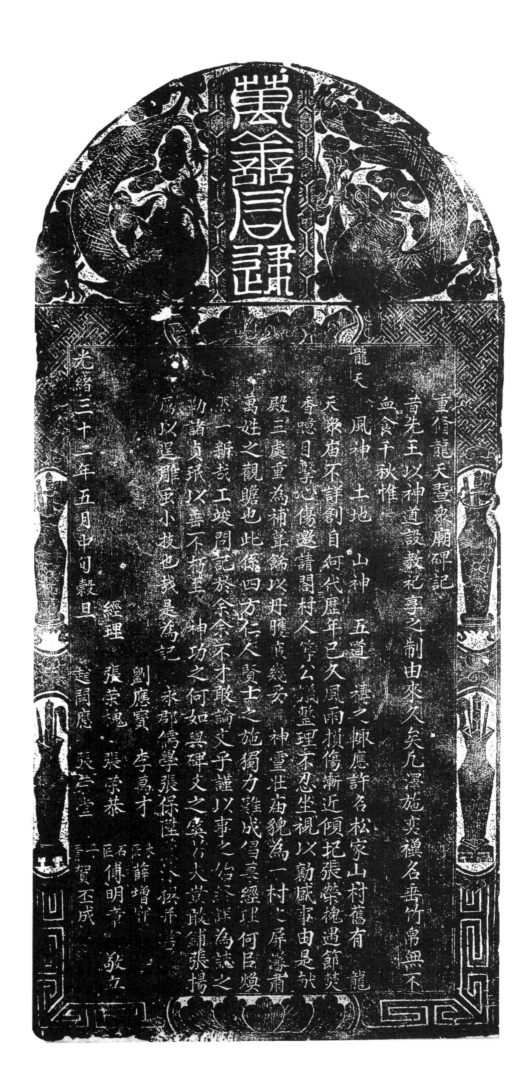

重修龍天眾廟碑記

昔先王以神道設教祀享之制由來久矣凡澤施爽禩名莫不帶興不

血食千秋惟

龍天、風神、土地、山神、五道、禧之輒應、許名松家山村舊有龍

天眾廟不詳創自何代歷年已久風雨摧傷漸近傾圮張榮槐遇節焚

香噫日睹心傷遂請閤村人等公議整理不忍坐視以勸感事由是於

殿三處重為補葺飾以丹雘貌幾矣神靈壯廟貌為一村之屏藩蕭

萬姓之觀瞻也此係四方仁人賢士之施獨力難成冒襄經理何呂煥

助諸貞珉以善不朽至神功之何如與碑文之妄否詳為誌之

厲以遲雕蟲小技也我是為記　永郡儒學張保住

光緒三十二年五月中旬穀旦

經理　張榮槐　張宗恭

劉應寶　李高才

遠開應　　　　薛增前

石匠傅明亭　賀丕成　敬立

951. 重修龍天暨衆廟碑記

立石年代：清光緒三十二年（1906 年）

原石尺寸：高 123 厘米，寬 50 厘米

石存地點：呂梁市方山縣大武鎮孫家山村龍天廟

〔碑額〕：萬善同歸

重修龍天暨衆廟碑記

昔先王以神道設教，祀享之制由來久矣，凡澤施奕祀、名垂竹帛，無不血食千秋。惟龍天、風神、土地、山神、五道，禱之輒應許。名松家山村，舊有龍天衆廟，不詳創自何代，歷年已久，風雨損傷，漸近傾圮。張荣槐遇節焚香。噫！目擊心傷。邀請閤村人等，公議整理，不忍坐視，以襄盛事。由是献殿三處，重爲補葺，飾以丹臒。庶幾妥神靈，壯廟貌，爲一村之屏藩，肅萬姓之觀瞻也。此係四方仁人賢士之施，獨力難成，倡募經理，何以焕然一新哉！工竣，問記於余。余不才，敢論文乎？謹以事之始終詳爲誌之，勒諸貞珉，以垂不朽。至神功之何如，與碑文之奚若，夫豈敢鋪張揚厲，以逞雕虫小技也哉！是爲記。

永郡儒學張保陞薰沐撰并書。

經理：劉應寶、張榮槐、趙開應、李萬才、張荣恭、張荣堂。

木匠：薛增保。

石匠：傅明章。

丹青：賀丕成。

光緒三十二年五月中旬穀旦敬立。

952-1. 李家河村重修龍神廟碑（碑陽）

立石年代：清光緒三十三年（1907 年）
原石尺寸：高 169 厘米，寬 61 厘米
石存地點：朔州市朔城區北旺莊街道李家河村

李家河村舊有龍神廟一座，其中正殿三楹，鐘樓、戲臺皆全，所以祈嘉穀而和神人也。惟歷時既久，風雨剝蝕，過之者不覺觸目傷心焉。功德主耆賓劉公名峰首倡斯舉爲重修。計將正殿、鐘樓、戲臺從新建蓋，又新添東禪房三間、西川廊三間、口房一間。自二十八年三月起工，至去年五月竣工，約計五年。通共花用過錢六百六十五千六百文，除布施外，經首三人均出。誠恐年湮代遠，後之人無以明建修之自也。因特勒石爲序其始末。

朔州儒學學正張鸚舉撰文，朔州儒學廩生李調元書丹，公舉鄉飲耆賓劉峰篆額。

經理人：口口劉峰捐錢二百一十二千文，王永昌捐錢二百一十二千文，善人劉成捐錢二百一十二千文。

光緒三十三年歲次丁未孟春月穀旦立。

952-2. 李家河村重修龍神廟碑（碑陰）

立石年代：清光緒三十四年（1908 年）
原石尺寸：高 169 厘米，寬 61 厘米
石存地點：朔州市朔城區北旺莊街道李家河村

□玉、高福各捐銀六兩，□□□捐銀五兩，梁日貴、劉寬各捐銀三兩。善士劉成今因好善，發心情願將廟東河灣地壹塊玖畝，上本村龍王廟作爲永遠養□。南至車道，西至劉姓，東北至地主，四至分明，隨代地內粮銀壹錢零壹厘。

光緒三十四年九月二十四日。

原籍神西村寄住李家河村李棠有金泉溝地貳拾畝，自己發心情愿上龍王廟作爲永遠養贍地，內隨代粮銀一錢。

石□張□□，木工康增祥，泥工□士、白□，□工楊全□。

民國六年十月初十日立。

〔注〕：本碑陰初刻時間爲光緒三十四年（1908 年），立石時間爲民國六年（1917 年），爲方便與碑陽對照，故列于此。

清（五）

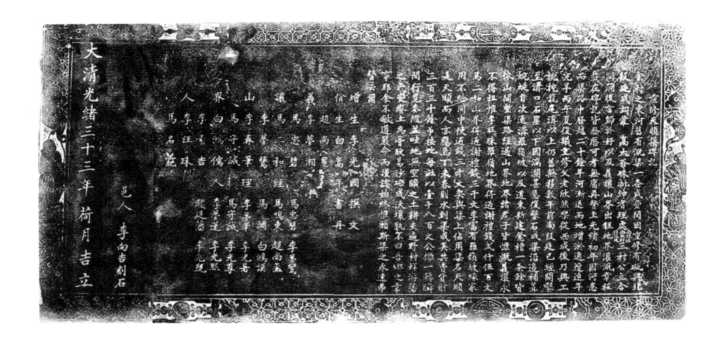

953. 重修天順渠碑記

立石年代：清光緒三十三年（1907 年）
原石尺寸：高 58 厘米，寬 137 厘米
石存地點：晋中市壽陽縣西洛鎮南東村

余村之東河舊有溉渠一条，咸豐間因重修有礙與北段廷，成詞。蒙高太爺硃批，紳耆理處，南段廷、南東村、北段廷三村公立合同，嗣後言歸於好。以及義讓山界，出租地界，灌溉章程，載在碑記，皆歷歷可考，無庸再贅。至光緒初年，因河患而渠路中廢。越二十餘年，河漸退而地增淤。適遭連年亢旱，丙午夏復議重修，父老欣然樂從。西成後乃興工挑挖龍尾溝，以上仍舊無移。數年前南段廷已經開鑿至溝口石崖以下，因湍瀾甚急，復鑿石成渠，沿邊補茸。蜿蜒自次逐溝，羅嶺坡以及道東新建凳槽一条，餘皆依山開塹。渠路經過山界、地界，諸君子皆慷慨義讓，永不得租。惟李旺珠羅嶺地界，得過謝禮錢貳仟伍百文；馬二和山界得過謝禮錢三千文；李富有羅嶺坡，緣家用不給，同中使過錢三千文。契與渠上占用。渠名天順，是天順而人亦應焉。丁未春則水到渠成矣。共費資財三百三十餘吊。按地每畝以壹千八百文公攤。一轉瞬間，行見麥隴盈畦，地無空曠之土；耕夫遍野，村鮮游蕩之民。變瘠土為膏腴，易沙礫成沃壤，孰不曰吾鄉之幸事耶？余不敏，遵嚴命而謹誌始終，惟願斯渠之永遠弗替云爾。

增生李光國撰文，佾生白嵩年書丹。

義讓山界人：趙尚璽、李夢湘、馬忠碧、馬二和、李夢鸞、李春筆、馬守誠、白鴻儒、李素吉、李旺珠、馬名麓。

經理人：馬忠碧、李夢鸞、馬鳴東、趙尚璽、馬調、白鴻謨、李夢筆、李光著、馬守誠、李光尊、李夢蓮、李光熙、趙廷藩、李光觀。

邑人李向吉刻石。

大清光緒三十三年荷月吉立。

954. 墊資買渠碑

立石年代：清光緒三十三年（1907 年）
原石尺寸：高 150 厘米，寬 60 厘米
石存地點：大同市廣靈縣南村鎮嶅峪村光明寺遺址

〔碑額〕：流芳千載

光明寺買渠錢玖拾陸千文，出沾尾、稅契、謝人錢壹拾伍千貳百文，又出立碑錢壹拾千文。

張家宨買渠錢伍拾貳千文。黑土宨、惡峪買渠錢伍拾貳千文。

光明寺光緒三十壹年，買趙迴三堂地二段貳畝有餘，東至河，西至□，南北至王姓。買價大錢肆拾千文。

石工：宋生財、馬利。

955. 村之西有與人爲善碑

立石年代：清光緒三十四年（1908 年）
原石尺寸：高 159 厘米，寬 58 厘米
石存地點：長治市壺關縣石坡鄉郭家駝村

村之西有與人爲善

嘗思濟瀆神祠仍舊貫補葺□存神堂顯然之有，自古傳流現今，應靈攸久，同歸神佑之。神佑之恩善百世，公議合社願德修裡［理］興工計開美矣。整裡［理］正殿香廳六間，東西兩廊房拾間，大門外西樂楼五間，創修南廠棚拾五間，土地神祠三間。一切內外整理，流芳百世默生之者也。村西仍有佛古恩澤而矣，全美舊章典籍者然也。

崔存山撰文書丹。

入賣樹價錢貳佰壹拾伍千伍佰捌拾文，入捐布施錢拾一千七佰文，社首捐錢伍千□佰文，依陳入社錢卅拾，共四拾伍千文，共花費錢貳佰捌拾千有零。

總理督工：賈丙太施錢三佰文，崔天會施錢壹一千五佰文，崔寧生施錢伍佰文。

管錢糧：賈起圈施錢肆佰文，崔萬鎰施錢肆佰文，崔吉順施錢貳佰文。

維首人：崔朝瑞施錢貳佰文，計□施錢貳佰文，五□施錢四佰文，賈玉樹施錢肆佰文，崔福海施錢四佰文，崔吉珍施錢貳佰文，崔金狗施錢貳佰文，崔狗孩、崔存山施錢貳佰文，崔金斗、崔同枝、崔丑孩，同立。

捐□民：崔□拴、崔李圈、張大栓，各錢柒佰文。崔圪濟、崔令則、崔藏秀、崔狗年、崔軍孩，各錢肆佰文。崔玉太、崔喜□、崔冬悅、崔德太、崔喜茂、崔來福全，各錢四佰文。崔合悅、崔□年、崔根孩、趙掌柱，各錢三佰文。崔藏水、崔替順、崔小補、崔拴柱、崔根順，各錢貳佰文。崔二喜、崔秀春、崔李洪、崔元瑞、崔連山，各錢二佰文。崔小旦、崔元狗、崔萬成、崔貴元、崔□喜，各錢二佰文。賈圈則、崔喜喜、崔群年、賈運太、賈海山，各施錢貳佰文。

林邑木石工崔奈梁、崔強則，丹青郭永山，勒碑人李林。

住持人崔根順、崔買則、崔丑孩。

萬善同歸。

大清光緒三拾四年三月上浣穀旦勒碑，合社同立。

皇清

三社墓化首事

督工首事

皆大清光緒三十四年歲次戊申清和月谷旦立石

956. 重修碑序

立石年代：清光緒三十四年（1908年）
原石尺寸：高142厘米，寬62厘米
石存地點：臨汾市洪洞縣萬安鎮婁村

〔碑額〕：皇清

重修碑序

邑西三十五里英山北娄山東，峰巒特起，高聳千尺，□□□然而深處者玄陽山也。山上有柏，柏青而林密，山下有泉，泉甘而水清，三社之人仰給此水也。山前有廟，廟貌巍峨。古有廣德真君暨龍王尊神，每當旱魃爲虐，拈香祈雨者繽紛而至，有求即應也。回憶去年仲夏，麥歉收，秋未布種，三社首事禱雨進香，許以雨降則重修庙宇、金妝神像。是日微雨，次日大雨，連雨數日，雨足如願以償。工可成，神不可欺也。於是賣山上柏樹一十二株，得錢三十七千，又有前者所賣槐樹錢六十八千，又共請香老募化共集錢一百六十千有□，又於粮石內共科錢一百八十千有奇，四宗合計錢四百五十千有零。財既籌足，擇日興工，閱數月告竣。□前重盖献庭三間，道院改作磚窑三孔，献台左右創建二楼，前後齋宮、龍王官重經修理，各神像皆金妝□光。工繁而費巨也，而要非甘雨均沾，動人又趨事，樂功之心不至此。噫嘻靈哉！人爲之歟？神爲之也！茲值勒□，首事等囑余爲序。余竊有感於一誠足格百神，一雨足興百工，更不得不以躋而修之者望後人也。爰序。

邑庠廩生張天柱沐手敬撰，邑庠生張海觀熏沐書丹，邑庠生張成功沐手篆額，邑典籍官張天亨敬書緣譜。

三社募化首事：耆賓張時亨、郭金福、衛安國、□□張天星、庠生張成功、郭永先。

督工首事：張玉林、郭長泰、張天□、張先庚、衛守□、郭成□、張洪德、郭懷仁、衛□□、張維廉、衛思□、郭明□。

時大清光緒三十四年歲次戊申清和月谷旦立石。

957. 永禁堆集爐渣碗片擁塞東西河道碑

立石年代：清光緒三十四年（1908 年）
原石尺寸：高 38 厘米，寬 54 厘米
石存地點：晉城市城區鐘家莊街道中原街社區三佛廟

大社遵官當堂面諭：

永禁不許堆積爐渣、碗片壅塞東西河道、南北官路。倘敢違犯者，照界挑通引河爲止。如若不遵者，禀官究處。今社同茶元總口社約，公同酌議：滑河缸碗窯爐鋪户，倘有不測之事，花費錢文與社無干。恐口無憑，因此勒石垂碑，以爲萬世不朽云。

後批：若有旁觀者，携手拉至廟，爲社先送酒錢兩串文整。

光緒叁拾肆年十一月二十五。四班公具。

清（五）

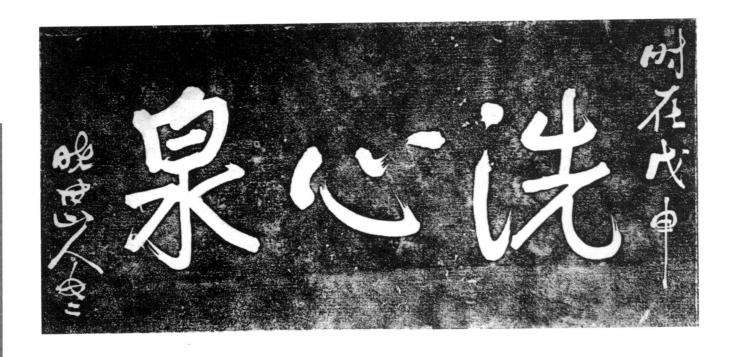

958. 洗心泉碑

立石年代：清光緒三十四年（1908 年）
原石尺寸：高 50 厘米，寬 98 厘米
石存地點：晋中市壽陽縣宗艾鎮下洲村洗心泉洞

時在戊申。
洗心泉。
曉世山人書。

歷叙光緒初年之旱暨瘟疫狼鼠災傷記

當聞堯水九年湯旱七歲天災流行何代蔑有可知天生烝民主不必盡賜豐年人樂聖王亦或時遭歉

成自我清定鼎以來歷傳九王花甲四週君聖臣良民心國泰至嘉慶谷酉道光丁未咸庚甲辰秋

若成黃雖然遺荒旱不過暑受饑饉未有若光緒三四年之尤甚者也午不雨千里赤地升米五百

錢石粟四十雨衣服田産無常價值壹雨只賣數分房屋木料難售三文或摘槐賣以

療飢或剝榆皮而延命或拾雁糞以作餅或煮皮而為羹處處鴻思鼠立人人食犬食次為夫食次

現老委溝壑盡作他鄉之鬼逃舍故里予幼置道路哭殺殺無主之魂父食次為犬食犬腥氣冲天災神

觀其慕驚不覺痛天而哭地各村富戶破家捐賑無如人多而糧少

為之夜哭父棄子而夫棄妻餓屍橫野天地於馬邑黟八口之家死五女十室之邑留二三未邑游生神

天朝凌征形栗難歉已艷之飢民給食散銀莨濟無食之餓莩

皇恩凋已茲矣而民困猶未濟也迨至戊寅三月間天降一犂甘雨殘餉為之稍安却苦夏麥未種秋苗復

入龍口閭雖降甘霖餘民猶苦於無力況血牛馬其何耕我

搞食野菜餐草子雖得餬口以聊生復遺瘟疫兩多死當是時也煙火之氣絶千里雞犬之聲隔四境

959. 歷叙光緒初年荒旱暨瘟疫狼鼠灾傷記

立石年代：清光緒年間
原石尺寸：高 164 厘米，寬 64 厘米
石存地點：運城市芮城縣南磑鎮大禹渡景區

歷叙光緒初年荒旱暨瘟疫狼鼠灾傷記

嘗聞堯水九年，湯旱七載，天灾流行，何代蔑有。可知天生賢主，不必盡賜豐年；人樂聖王，亦或時遭歉歲。自我清定鼎以來，歷傳九主，花甲四周，君聖臣良，民安國泰。即嘉慶癸酉、道光丁未、咸豐庚申、同治丙寅，雖屢遭荒旱，不過略受饑饉，未有若光緒三、四年之尤甚者也。三年不雨，千里赤地，升米五百錢，石粟四十兩；衣服、田產無常價，值壹兩只賣數分；房屋、木料難濟急，重十斤，僅售三文。或摘槐實以療飢，或剥榆皮而延命，或拾雁糞以作餅，或煮皮繩而爲羹。處處鴻思鼠泣，人人鵠面鳩形。乞食遠方，親老委溝壑，盡作他鄉之鬼；逃舍故里，子幼置道路，哭殺無主之魂。人食人而犬食犬，腥氣冲天，鬼神爲之夜哭；父弃子而夫弃妻，餓屍橫野，天地於焉色暗。八口之家死五六，十室之邑留二三。本邑縣主親身察驗，不覺痛天而哭地；各村富户破家捐賑，無如人多而糧少。

皇太后勤恤民隱，閣欽差運賑。天朝緩征移粟，難救已斃之飢民，給食散銀，莫濟無食之餓殍。皇恩固已極矣，而民困猶未濟也。迨至戊寅三月間，天降一犁甘雨，殘餒爲之稍安。却苦夏麥未種，秋禾復槁，食野菜餐草籽，雖得糊口以聊生，復遭瘟疫而多死。當是時也，烟火之氣絶千里，鷄犬之聲隔四境。八、九月間，雖降甘霖，餘民猶苦於無力，况無牛馬其何耕？我……

清（五）

黄河流域水利碑刻集成·山西卷 七

960. 作疃西堡村調解撚渠糾紛碑

立石年代：清宣統元年（1909 年）
原石尺寸：高 160 厘米，寬 80 厘米
石存地點：大同市廣靈縣作疃鎮作疃西堡村

嘗思理之所在，何必恃強而爭也，□之所存，亦非因人而勝也。本村人譚得，有水碾一處，居西堡戲樓之東，渠水繞戲樓之南。宣統元年二月間，□戲樓中將演戲酬神，忽然渠水將戲場道所沖，男女不能行走。因思此渠向年未從沖脫，□□潰泄如此。或□碾主不能勤修自溢，或係碾主故意拆水害人亦未可知。村⋯⋯與典碾人魏養理較沖道之事。□□出不遜之言，乃與會首人等逞凶。如此危險，難以辦理神戲□出無□，只得稟控普天案下批候。飭差彈□，□案訊究。差役執票到村，未經堂訊，經同鄉人⋯⋯妥處，讓伊等狂徒不與較論。將渠道修補後，又□□酬神。兩家和息，具結完案。自今以後，碾主勤修碾渠，謹防水患。至於掌碾使水一事，仍從古制而行。先以□□生靈，次以灌溉種植，終以餘水碾動。其於磨麵，先磨於本村，然後反旋外村。不許碾主令外村人占磨，亦不□□日後增價。仍從舊日：磨粗麵者，每一斗大錢五文，磨細麵者，每一斗大錢拾文爲限。從此遵明前情，村正李□等從寬免究。兩家仍敦前好，俱願息訟。故勒石爲記，以備後人遵守焉。

　　石匠：馬利。
大清宣統元年四月上旬穀旦立。

流芳百世

補修源神廟金粧神像碑記

蓋聞崇德報功所以尊神明而重祀典也廟貌輝煌所以妥神靈而莊觀瞻也

況神功浩大尤為四方所仰賴勝水長流尤為萬民之□活我村

源神廟創自古昔歷有年矣今於光緒三十一年興工三十三年工成而告竣

馬瓦事有得於前者必有和之於後者踴躍赴公急公從事彩畫神像潤色廟

宇以及樂樓靡不煥然一新是為誌

起意人　楊立金

糾首經理人

宋開殿　　任生慶
郭鳳儀　　白定保　　值年鄉保韓繼福
史清智　　張懷德
劉德榮　　任元玉
韓大裕　　郭鐘洲
宋輔殿　　喬聯甲　　住持梁嘉瑠徒侯祥鶴
郭鴬鳴

大清宣統元年歲次四月二十四日吉立　　石匠楊永茂謹鐫

961. 補修源神廟金妝神像碑記

立石年代：清宣統元年（1909 年）

原石尺寸：高 155 厘米，寬 55 厘米

石存地點：晉中市介休市源神廟

〔碑額〕：流芳百世

補修源神廟金妝神像碑記

蓋聞崇德報功，所以尊神明而重祀典也；廟貌輝煌，所以妥神靈而壯觀瞻也。况神功浩大，久爲四方所仰賴；勝水長流，尤爲萬民之生活。我村源神廟創自古昔，歷有年矣。今於光緒三十一年興工，三十三年工成而告竣焉。凡事有倡於前者，必有和之於後者。踴躍赴公，急力從事，彩畫神像，潤色廟宇以及樂樓，靡不焕然一新。是爲誌。

起意人：楊立金。

糾首經理人：宋開殷、郭鳳儀、史清智、劉德榮、韓大裕、宋輔殷、郭鳳鳴、任生慶、白定保、張懷德、任元玉、郭鍾洲、喬聯甲。

值年鄉保：韓繼福。

住持：梁嘉瑂，徒侯祥鶴。

石匠楊永茂謹鎸。

大清宣統元年歲次四月二十四日吉立。

清（五）

962. 上樂平村西河底理泉碑記

立石年代：清宣統元年（1909年）
原石尺寸：高48厘米，寬67厘米
石存地點：臨汾市霍州市大張鎮上樂坪村

閭里增一分生計，即國家闢一分利□，□□那夙號農國，雖種樹致雨，匪旦夕可期，然原泉混混不善其用，則一部分之不治，未始非經濟困難之原因也。如我上樂平村西河底，舊有泉源數處，管地肆拾叁畝陸分，藉劉和順堂地安□蓄泄，年出租費國寶五十元，仲春、孟冬兩月朔爲正下水期。迭爲終始，法若畫一，國初迄今，守而毋失。而二三父老□爲謀生計、浚利源起見，既爲振起，廢墜相與，乞序於余。余義不敢辭，即跋數語以序。

教育會會長□品銜優□廩膳生劉行謹撰文。儒學增廣生員張進德□正。儒學生員劉名儒、張晋煜、廩生劉鳳書參閱。儒學廩膳生員張鶴聲書丹。

（以下渠長、總管等芳名略而不録）

大清宣統元年梅月吉日立。

963. 重建五神廟碑記

立石年代：清宣統元年（1909年）

原石尺寸：高150厘米，寬76厘米

石存地點：呂梁市汾陽市肖家莊鎮安頭村五神廟

重建五神廟碑記

余弱歲從家君觀賽於茲，入其疆見沃野膏腴，文水襟帶，樹林陰翳，閭里整齊，望而足徵其富庶。及赴劇場，乃□□神廟爲合祭賀虜將軍、蚼蚄神、河神、龍王、牛王神之所，而坍塌傾圮，不堪游憩。蓋多年失修，風漂□，雨剝蝕，草盤錯，水浸淫。垂檐欹柱，架空如橋橫；破壁頹垣，阽危若崖墜。心竊怪之。家君曰："童子何知？工程甚巨，□非重建不可。重建則費繁，費繁則民怨。社首畏難，亦惟蹉跎歲月，以待能者起而擘畫耳。"閱廿載，舊地重經，倏□朵殿雲連，宮墻霧列。廊廡精舍，煥然一新；鐘鼓樂樓，憂乎莫尚。詢之鄉人，知故友劉君兆槐，經營締造之所致。□人好義急公，不辭勞怨，工務求實，料必期堅，雖善款不貲，率從尤費省節，不徒預爲募疏，沿門托鉢，財用自綽□餘裕。時或不濟，墊以己資常數百千，是以此邦人士樂贊成之。劉君歿，同事趙君恩臣、任君豐餘，愬慫其嗣繼□，繼先人志，迪前人光休哉。救之陝，度之麃，聲聞磬鼓；丹其楹，刻其桷，光燦流霞。祀聖母於東廡，庥蒙赤子；亭財神於西闕，瑞映長庚。高閣建文昌，正合木星得位；西隅立馬王，天駟得以司職。鳥革翬飛，雕鏤并麗，山□藻梲，金碧兼施，洵汾上之巨觀，爲東鄉之保障。是役也，始於光緒十六年，迄宣統己酉季秋，工斯告竣。計□後需錢萬緡，得善士捐施不逾二千，餘皆劉、趙、任諸君多方調劑，以竟其功。令非矢之以誠心，持之以定力，安□歷久不渝，克勝艱巨，神靈以妥，輿論協乎也乎？回憶三十年前，景象如彼，而人杰地靈，不徒實親見之，是亦果有因乎？釋云有因成果，余於是益信其說之不誣云爾。

詔舉孝廉方正優廩貢生李映岐薰沐敬撰，庠生李慶奎薰沐敬書。

糾首：趙恩臣、劉兆槐暨劉繼孟、任豐餘。

鐵筆：高鳳琴。

善友：趙殿元。

大清宣統元年歲次己酉仲秋之月吉日敬立。

重修

龍王
土地神廟工成志略　今將施財住名開列於

大清宣統元年十一月初二日　合社立

964. 重修龍王土地神廟布施碣

立石年代：清宣統元年（1909 年）

原石尺寸：高 55 厘米，寬 77 厘米

石存地點：臨汾市吉縣車城鄉山頭廟

重修龍王土地神廟，工成告峻［竣］，今將施財姓名開列於後。

山頭村：刘九金、經理刘海貴、經理□□刘紅馬，各施錢壹仟三百文。□□刘海龍、刘双管、杜大林、武金騰，各施錢一千一百。杜發有施錢五百文。賀間村：經理武生任恩銳、屈盛魁、王富、加老五，以上各施錢壹千壹百文。三教村：經理陳正元、關法榮、賀成太、袁有方，以上各施錢壹千貳百五十文。曹占祥施錢八百文，袁七姓施錢八百文。蘇家嶺：經理高正興施錢壹千八百文，袁燁施錢壹千五百文，王刘義施錢五百文。陽朴村：經理芦經魁施錢壹千六百文，郭大全施錢壹千文，尉王來施錢壹千文，芦金子施錢八百文。圪塔村：經理丁貴發施錢壹千壹百五十文，王萬庫施錢壹千壹百五十文，郑辛酉施錢壹千文。枣庄河：經理閻換朝、閻紅海、閻海朝、岳驢子、芦管子、武生田有龍，以上各施錢壹千壹百文。喬家嶺：經理李福元、姬發盛、閻金怀、閻增盛，以上各施錢壹千貳百文。文銀德施錢八百文，吳杰施錢八百文，閻榮施錢八百文。南枣庄：經理任海清施錢壹千貳百文，薛海子施錢八百文，王金子施錢八百文。

大清宣統元年十一月初二日，合社立石。

清
（
五
）

2085

965. 張莊村重修古刹諸廟碑記

立石年代：清宣統元年（1909年）

原石尺寸：高165厘米，寬66厘米

石存地點：大同市靈丘縣獨峪鄉大興莊村嚴峰寺

〔碑額〕：□世流芳

張庄村重修古刹諸廟碑記

嘗思功德之事……雖分仙凡，而其中維持□□，殆有恩恩……前人增修，足□壯觀。但歷年久遠，經風雨催殘，被……遺址舊迹，茫無可□。噫！昔年如彼，今日如此，真正堪傷。幸村中人士……集村人會議重修，由是鳩工聚材，連年興作，諸神祠宇，次第告成……不敏而於其村修造之□□、施捨之情形，雖未能詳細以……宇非鮮。夫以菽小之鄉里，成紛繁之工，概已屬堪嘉，而况一切……今所罕有，故其工興於光緒二十五年，至三十三年而始……罔替。懿歟休哉！何其誠耶！總之，神道雖難測，惟誠最有……年年慶屢豐，豈非人有誠、神有靈之明驗歟？不然區區一……但蒙重托，義所難辞。謹賦鄙語，豈有他哉！庶後人……

（經理人姓名等略而不錄）

大清宣統元年歲次己酉……

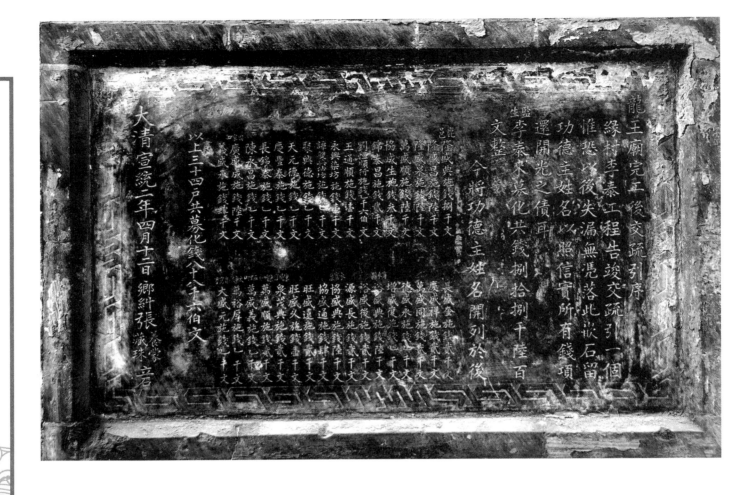

966. 龍王廟完工後交疏引序

立石年代：清宣統二年（1910年）
原石尺寸：高52厘米，寬82厘米
石存地點：晉中市靈石縣兩渡鎮桑平峪村東嶽廟

龍王廟完工後交疏引序

緣村李泰工程告竣，交疏引一個。惟恐以後失漏無憑，落此嵌石，留功德主姓名以照信實。所有錢項還開光之債耳。

監生李泰來募化共錢捌拾捌千陸百文整。

今將功德主姓名開列於後：

鹿邑隆盛典施錢捌千文，隆盛昌施錢陸千文，隆盛泉施錢陸千文，萬盛順施錢陸千文，協成生施錢叁千文，錦泰昌施錢貳千文，劉恒順行施錢乙千六佰文，王通順施錢壹千文，永興染坊施錢壹千文，譚雙興油坊施錢乙千文，聚興德施錢乙千文，天元德施錢乙千文，慶豐泰施錢壹千文，長錦泰施錢乙千文，陳永昌施錢乙千文，周家口廣盛成施錢陸千文，義盛承施錢肆千文，長盛奎施錢貳千文，慶盛祥施錢貳千文，萬盛同施錢貳千文，德盛永施錢乙千文，增盛復施錢乙千文，□水縣裕盛典施錢陸千文，裕盛後施錢貳千文，源盛長施錢貳千文，水寨集協盛典施錢陸千文，協盛通施錢肆千文，旺盛遠施錢貳千文，旺盛久施錢壹千文，□□□泉茂典施錢貳千文，□□□萬盛順施錢貳千文，□裡□萬盛義施錢乙千文，太康縣萬裕厚施錢乙千文，□□□大盛元施錢乙千文。

以上三十四户共募化錢八十八千六佰文。

鄉糾張養蒙、張藏珠立石。

大清宣統二年四月十二日。

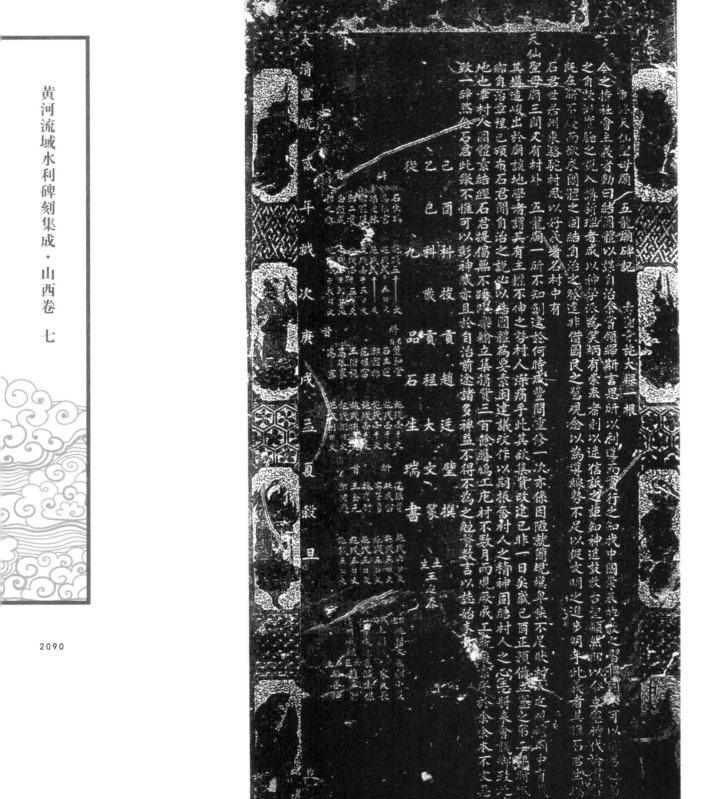

967. 重修天仙聖母廟五龍廟碑記

立石年代：清宣統二年（1910年）
原石尺寸：高190厘米，寬65厘米
石存地點：晋中市左權縣拐兒鎮駱駝村

〔碑額〕：萬善同歸

重修天仙聖母廟五龍廟碑記

今之持社會主義者，動曰："結團體以謀自治。"余嘗領繹斯言，思所以利導而實行之。知我中國崇奉神教之習慣，固不可以驟易也。曷言之？自歐洲實驗之説，入講新理者，咸以神學派爲笑柄。有崇奉者，則以迷信詆之。詎知神道設教，古聖類然。即以今立憲時代，論慣習法，既在所不廢，而欲求團體之固結，自治之發達，非借國民之舊觀念以爲導綫，勢不足以促文明之進步。明乎此義者，其惟石君生瑞乎？石君世居州東駱駝村，夙以好義著名。村中有天仙聖母廟三間，又有村外五龍廟一所，不知創建於何時。咸豐間重修一次，亦係因陋就簡，規模卑狹，不足狀村人之觀瞻。廟中有戲樓，其構造峻出於廟。談地學者謂其有主權不伸之勢，村人深痛乎此，其欲集資改建，已非一日矣。歲己酉，正預備立憲之第二年時，城、鎮、鄉自治章程已頒布。石君聞自治之説，必以結團體爲要素，因建議改作，以期振奮村人之精神，團結村人之心志，將來會議鄉政，此其地也。幸村人團體素結，經石君提倡，無不踴躍樂輸，立集捐資三百餘緡。鳩工庀材，不數月而觀厥成。工既竣，索序於余。余本不文，惡敢致一辭？然念石君此舉，不惟可以彰神威，亦且於自治前途諸多裨益。不得不爲之勉贅數言，以誌始末云。

己酉科拔貢趙廷璧撰，乙巳科歲貢程大文篆，從九品石生瑞書。

土主：王迎春。

壽聖寺施大梁一根。

（以下糾首姓名及施錢信息略而不録）

大清宣統貳年歲次庚戌孟夏穀旦立石。

重修净因寺庙碑

功德主　施捨

968. 重修净因寺廟碑記

立石年代：清宣統二年（1910年）

原石尺寸：高228厘米，寬92厘米

石存地點：太原市尖草坪區上蘭街道土堂村净因寺

重修净因寺廟碑記

盖聞莫爲之前，雖美而弗彰，莫爲之後，雖盛而弗傳。如我土堂村，北接冽石寒泉之漪漪，東繞汾河流水之洋洋，西依崛嵋山之氣脉，南交蒲坂橋之景象，其勢不可忽焉！舊有净因寺一廟，歷年已久，墙垣傾圮，棟宇摧殘，既不足以妥神靈，亦難將以事祈報，凡我村父老無不同深浩嘆焉。於是公同會議，各輸資財，廣爲募化，擬將正佛殿三間，東西廊房六間，韋陀殿一間，中院東會館三間，西會館窑洞三眼，鐘楼一座，西大佛殿二級楼三間，東邀殿三間，南會館三間，厨房二間，前院龍王廟叁間，戲楼一座，下處一所，正窑三眼，東西房六間，東馬棚三間，南厦房三間，量其財力，陸續補修。不數年，而如議告成矣。是舉也，若非村耆之提倡，固不足以觀厥成；且非眾力之贊成，亦不足以蕆斯事。從兹廟貌一新，同邀幸福，神靈永佑，共庇恩庥。余故樂於爲文，以表樂善好施之意云爾。是爲記。

本邑師範傳習所畢業生王純一薰沐敬書并撰。

施捨功德主：王國謨錢六千文，王春芳錢柒千文，王金仲錢六千壹佰文，王勤錢陸千二佰文，王寬錢捌千文，王根深錢八千文，王□珠錢捌千文，王巨財錢八千文，王良仲錢捌千文，王巨智錢壹拾壹千文，王泰□錢壹拾千零伍佰文，王維渠錢玖千文，王珍錢八千文，王天申錢捌千文，王良富錢八千文，周儉錢捌千文，王海庫錢八千文，王樹錢伍千文，王步雲錢四千文，王步成錢叁千文。

募化糾首人：王光金、王天申、王勤、王世武……

大清宣統貳年歲次庚戌菊月下瀚穀旦。

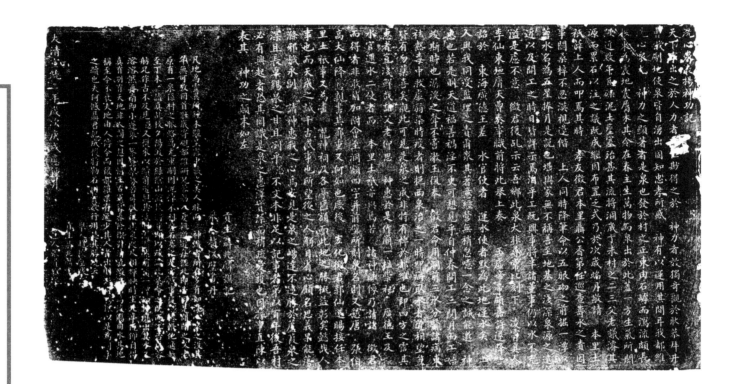

969. 洗心泉表揚神功記

立石年代：清宣統二年（1910 年）
原石尺寸：高 57 厘米，寬 104 厘米
石存地點：晉中市壽陽縣宗艾鎮下洲村

洗心泉表揚神功記

天下事出之於人力者□□鮮，得之於神力者效獨奇。觀於耿恭拜井、曹□劇地，使泉皆自涌出，固知忠孝所感，神有以運用其間耳。我都維洗心泉，尤神力之顯著者。是泉也，發於村之正東，由石罅而瀉流頗長。按東爲震地，震屬木，其令在春，主生萬物。而泉出於此，蓋一方生氣所關歟。近數年瓦礫泥土壅塞殆甚，其流將涸。歲丁未，村之二三父老議浚其源，而累石以注之。議既成，繼因布置乏式，乃於次歲端月，敬請本里土祇薛上人而叩焉。其時孝友徵君、本里聶公香第任巡查壽水之責，因事關桑梓，不忍漠視，遂偕上人同時降筆，命以五眼砌之，前掘一潭以蓄水，名爲五星捧月。是說也，堪輿家無不稱善。至地基之淺深，泉源之遠近，以及開工之時日，皆詳示焉。泊乎工既興，事將半，諸董事仍以水不充溢是慮。不意徵君復乩示云："吾鄉此泉大非尋常比。刻下凌霄真人、李仙東垣，膺天曹奏事職，前將此舉上奏玉虛帝。帝頗嘉許，遂降詔於東海廣德王，差水官使者、運水使者，默爲此地運水矣。上人與我同受監理之責，爾衆其著意經營，無稍忽。"噫！一念之誠，能邀神惠也。若是，則天道福善禍淫不更可想見乎！自仲春開工，三閱月而工始竣。斯時也，潺湲之聲不啻漱玉，復奉徵君命，用洞前三水分醫諸病，東祛熱毒，中救虛弱，染時疫者則挹西泉治之。一時叩病取水者道相望，蓋皆有勿藥喜矣。觀此可見，是泉之成，非特有裨於都維也，即四方之沾其惠者豈淺鮮哉。諸父老仰思神惠，於是作廟一楹，崇祀廣德王及水官運水二使者，而本里土祇亦與焉。若諸神法像，乃請諸徵君而得者，非敢稍加附會。至洞額四字并前壁所刻泉名，則又懇唐張伯、高大仙降鸞親書，其鄭重又何如也。厥後宏化徵君、郭仙還暘接任本里土祇事，又爲書龍神祠及各亭匾額，而此地之勝概益彰矣。懿哉！人事也，而天成之，誠千古盛事也。所望後之人觸目省心。顧名思義，果能蕩滌邪穢，永副諸神惠我之心焉。安見是泉之暢達，不遠勝於蘆莨泉之深且長，卓錫泉之甘且冽乎。愚不文，本非足以記事者，第以百年後吾村必有興起者，恐其罔識是泉之惠澤實深而稍疏愛護也。因據事直陳，以表其神功之顚末如左。

貢生聶兆麟撰記，舉人趙懷璧書丹。

凡地爲靈翼所鍾，未經呈露中藏之美，人昧而神識者，所在多有。如洗心泉之没，其年無可考。回首壯歲寄硯都維，研兄蓉舫，入夏輒邀游，每經此即告曰：是間聞之父老，原有一泉，係村之脉絡，爲尤重。嗣因泥淖不利，叠石塞之，是亦憾事。後愚卷帳他適，越至丁未，諸真乩校夕陽渡於綠陰山館。校將竟，即以疏瀹此泉命之，既而工告成。蓉舫兄作古不及見。愚又復來以續前游，睹其流則潺潺然，前甃一潭如鏡磨出，其水又溶溶然。再南即小蓬萊，一峰聳翠，勢若屏風，復與泉咫尺相輝映。時坐北亭，俯仰自得，真有別有天地非人間之想。因憶王右軍暮春修禊，引清流激□□爲流觴曲水，其地稱至今不衰。夫地由人傳，今而後都維果有逸少其人者，出則游目騁懷，以是爲蘭亭之續也，夫何憾。聶君記成後將勒石，因贅數行，用誌其勝境云。

舉人趙懷璧跋，貢生聶兆麟書，邑人張貴鐫字。

大清宣統二年歲次庚戌應鐘月。

970. 洗心泉記

立石年代：清宣統二年（1910 年）
原石尺寸：高 55 厘米，寬 99 厘米
石存地點：晋中市壽陽縣宗艾鎮下洲村

洗心泉記

且夫禍福在心修，固聖賢之正教；而盛衰因地利，猶世俗之恒情。是以盛地摧殘，經者必流連而致嘆；名區冷落，知者亦悵望而興悲。況乎境本天生，地因人弃；運會所關，諸仙特示。敢不改舊從新，豈可執迷莫悟？繼遺憾於前人，留被蔭於後世。洵一時之美舉，抑百代之盛事也。惟洗心泉者，余村舊有之泉也。出自東郭，下接南河，原原不息，曲曲流長。昔夫夏日炎炎，薰風習習，農人相話於池邊，牧子乘涼於澗畔。且村婦無知，浣衣者砧聲急急；頑童不禁，戲釣者絲影依依。名爲小河，孰加青眼；地非飲馬，人竟牽牛。俱作等閑之觀，誰知珍重斯泉耶。更有東風解凍，泥滑滑兮車馬難通；春雨載途，水浸浸兮行人見阻。於是闔村會議，一社同心。其工既興，其石則累。沙未囊而鞭未投，源已塞而流已斷。無何，沙深澗没，水涸池平，瓦礫層堆，萊蕪孰闢。蓼花紅糝，空留游迹之痕；楓葉丹飄，漫鋪釣者之座。蟬聲咽恨，蛙鼓鳴悲。高人過而踟蹰，星士爲之悵結。歲丁未，蒙諸神諭曰：汝曹嚮善，我輩降祥，伏奏天庭，感通上帝，欲使此鄉之富，要在斯地之興。所關至重，勿可誤此奇緣；獲益非輕，豈得廢此善舉。既聞尊諭，弗敢心違。一旦鳩工，數旬掘地。將舊石兮全移，始故源兮探及。因其地以擴充，相所宜而建築。泉若五星之拱護，潭如一月之成形。風吹溜響，瑯瑯鳴環佩之聲；日照波明，漾漾動琉璃之影。且作祠祀，龍神遇旱，則祈必應。立像配使者，斯流之竭無虞。兩亭翼然，只爲息肩避雨；一橋橫跨，不防過客行商。豈同蘭亭續游，徒誇觴咏，滄浪重葺，但侈名勝哉？然而林壑風清，洞口白雲深戀；郊原雨歇，渠中瀑布齊飛。負手行吟，渾忘俗慮；扶筇散步，滌盡紅塵。地同靈隱，全無判事之勞；山豈瑯琊，亦得醉翁之意。可謂未入桃源，而別有天地也。但一切規畫，盡出神功，而數月經營，亦需人力。德馨棠埔不憚身親督率，希天午軒猶能臂助，辛勤運材兮亦青獨任，募緣兮獻之偏多。然沙盤示命，木筆傳言。韞輝奉箋之扶箕，特加慎敬。鳳綸瑞書之謄草，勿敢疏慵。更有同志諸君，無不竭力相助也，不有表揚，何伸勸慰？攬筆爲記，用誌無窮。所有尺度規模，詳列於左，特恐後有好善而重議修葺者，妄爲改絃，有昧創造之初意云。

月池深九尺，口徑二丈二尺，四周石條用縮底形纍之。三石洞高各五尺二寸。深各一丈，寬各五尺。洞內五泉，深各五尺九寸，其初掘地見底，用磨形石鑿孔纍起。外填以亂石，使泉水互通而不外溢也。洞前月臺皆用對縫石條自底纍起，使其水不外泄而皆歸於泉也。中西四泉，其源皆從地直上，惟東泉源發於橋北，深處用石槽接引而出，所以口徑大小不一者，皆因泉源之薄旺有別也。中三泉從內往外數，其一，九寸；其二，一尺一寸；其三，一尺。東泉一尺，惟西泉源廣，口徑特用二尺，至於三滴水，亦皆用石槽從泉口引出。泉滿則流入臺前三孔，由孔入於月池，池滿由南亭墩下流入前渠，此創造規模也。若北橋與東西水道，均爲備雨水濫溢而設，其尺度寬深皆向勢作之故，特從略。獨龍神祠坐東向西者，蓋取東海義，慎勿妄動。至於工料之所費，布施之所入，統刻於重修文昌宮碑記，茲不復贅。

例授修職郎候補直隸州州判己酉科拔貢聶瑞棻撰文并書。

榮卿張貴鐫字。

大清宣統二年歲次庚戌小陽月勒石。

971. 重修龍王諸神廟碑記

立石年代：清宣統三年（1911 年）

原石尺寸：高 104 厘米，寬 48 厘米

石存地點：臨汾市蒲縣薛關鎮布珠村龍王廟

〔碑額〕：於萬斯年

嘗思廢者當興，墜者當舉，雖則人事之募力，实神靈之默佑也。如本村□龍王諸神等廟，不知建自何代，但歷年久遠，塌坏日甚。村人意欲修理，奈乏力□資，因而合社……化。斯功也，越三年而方告成，除本村量輸資而外，皆四方善信者助捐之□也，於是煥然可觀。□□□□，誌名以永垂不朽云爾。是爲序。

邑增廣生王祥雲謹撰沐手敬書。

糾首：賈繼福。

本村、外村募施姓名：賈芝元募錢五十千文，施錢十二千文。賈繼賢募錢五千文，施錢八千文。韓道吉募錢六千七百文，施錢十二千文。賈清泉募錢五千文，施錢十六千文。曹庫募錢十一千文，施錢十二千文。曹開福募錢四千文，施錢十二千文。曹開有募錢五千文，施錢八千文。賈繼和募錢五千四百文，施錢八千文。五品盧其昌施錢三千文。武生盧吉昌施錢一千五百文。韓國順募錢九千三百文，施錢六千文。賈清淵募錢七千五百文，施錢五千文。董祥業施錢一千五百文。賈清江施錢三千文。賈清□□□□千文。楊木娃、鄭煥章、王青雲、曹開明、崖頭社八□文。賈清海募錢七千九百文，施錢五千文。賈鎖林施錢五千文。賀福元施錢二千五百文。晁得盛施錢六千文。武生盧應昌、王馬兒、馮繼武、盧懋盛、崔福才、曹兆康、杜崇恩、崔萬倉、王崔□、趙倉、姜家峪、曹喜林、賈繼盛、牛玉、四盛成、言宿村、郝家庄、賀家庄、胡家□、周家原、吉家原、洛陽村、耳里村、化落鎮、荊坡村、王守儉、古縣□、喬子□、下太夫、麥陽嶺、夏家原，以上各施一千文。上太夫一千五。陳家庄、仁義村二千。上門古、崔生□、辛村、泉子□、南盤□、東平原、韓家原二千。

石工高桐林伍百文。

大清宣統三年正月吉日立。

972. 重修嘆士峪口石壩碑記

立石年代：清宣統三年（1911 年）
原石尺寸：高 153 厘米，寬 68 厘米
石存地點：大同市渾源縣永安鎮王千莊村龍泉寺

〔碑額〕：萬古流芳

□□□□峪口石壩碑記

盖聞莫爲之前雖美弗彰，莫爲之後□□□□。如我王□莊與張家莊并顧册三村俱在嘆士峪大沙□□之西南，如□、□二村□□□，□落□在大沙河水之北。至於清水輪流，原有明文舊章可考，無須殫述。今番勒石非爲紀盛，□與□村因□興□，□□□平之後，不得不思□久遠，以爲考據之端。竊以□王千莊與張、顧等村，自國初原有預防洪水之□壩，因修□不□，□□□□漫滅，持至道光三十年間，我村與張家莊見□南性命難□，急思重修堤壩。不意河北鄰村之人與□□村……吳大老爺□斷，□河南之性命倍□於河北田園之利息，直斷立案，令各修各壩，各護各村，有□□考。□□□□年間□水漲溢，又將我□□屢冲壞，不但損□田屋，□其□□傷去數十，□於光緒二十八年間□修興工，而□村……而一而□□，以□我南北村人□□□爭訟，先□□大，后繼阮天，雖經大同朱□祖來州訊驗，俱無□斷，以致我□□冒死投省三次鳴冤，所憑者□天斷□□□碑文，殊契志書種種有考。幸撫憲批□明□大員彭公祖□州……堤壩不修，性命攸關。□判無情，仍□□天斷□，將武村壩外之重□拆去，不令伊□水害鄰，致傷性命……修□□保田園。□□□□樹株與我□夥，非□自有，亦蒙立□後，斷我村築□□三十八丈五餘，以備……相□，□憲又開洪恩，工賑倉穀□□□百餘石，以助貲釜，以備參考，令各修各□，各護各村。不料……界，□勞彭公祖二次看驗。親□工竣，而後回省，河北之人意猶不忿而□□，□憲又批道□，道……具完案。至此兩□俱□，雖局外之人皆以爲平何也。□念河南之性命不敵河北……張□二村勒石以垂久遠，以□□□□。再者我村□□□□樹株數十，更……造其房，或添……

（以下碑文漫漶不清，略而不録）

大清宣統□□歲次辛亥梅月中浣穀旦。

清（五）

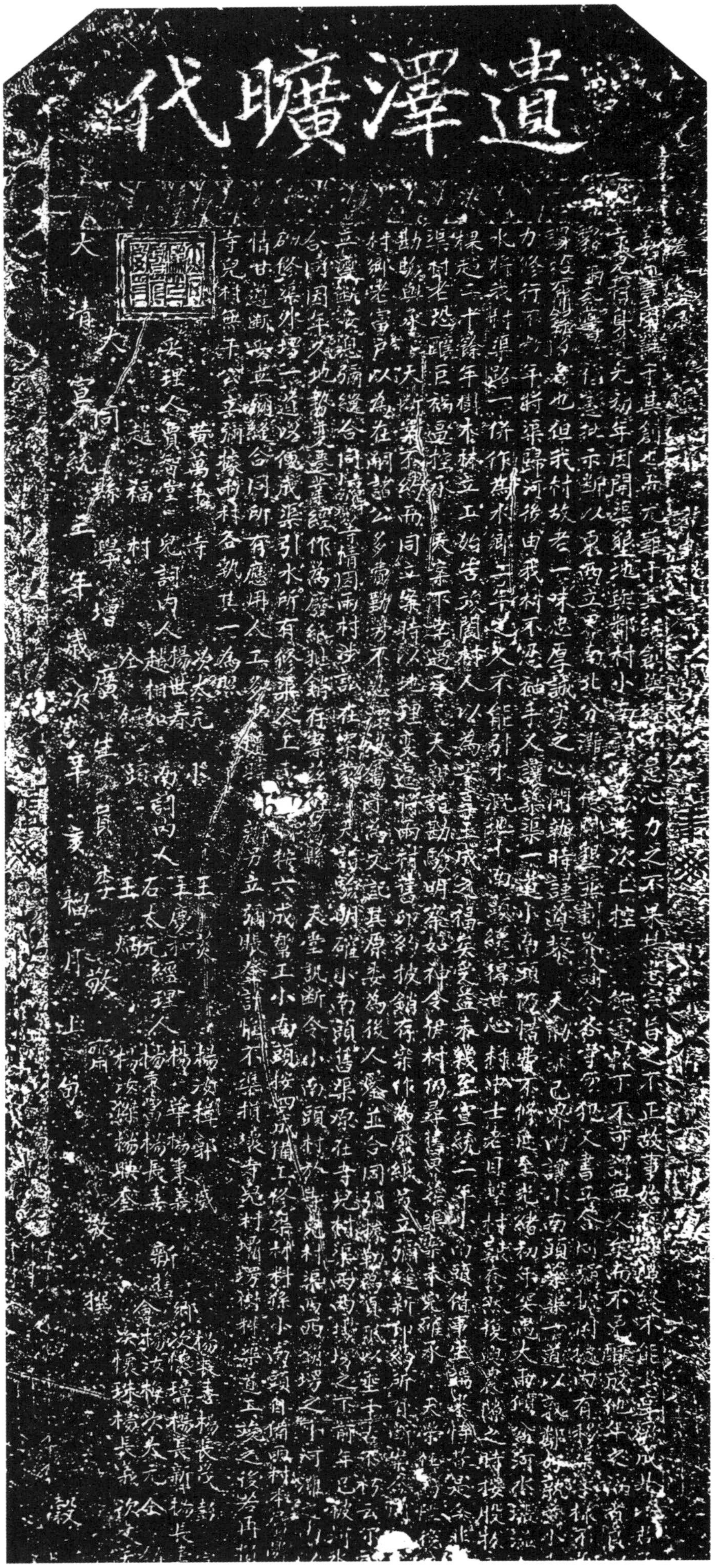
遺澤曠代

973. 碑記

立石年代：清宣統三年（1911 年）

原石尺寸：高 148 厘米，寬 57 厘米

石存地點：大同市平城區文瀛湖街道寺兒村龍王廟

〔碑額〕：遺澤曠代

盖□事□□于其創也，而尤難于其繼創與！□不患心力之不果，特患宗旨之不正，故事始□□□，終不能□享厥成，□以君……寺兒村自道光初年，因開渠墾地與鄰村小南□□□，挨次上控撫憲轅下，不可謂無人矣。而不免釀成他年之禍者，良……黎。兩□□福，憲批示斷，以東西立界，南北分灘，□□開墾并劃界，諭令各守勿犯。又書立合同彌據，因據內有"移渠"字樣，不……謂始有□□者也。但我村故老一味忠厚誠實之心，開辦時謹遵黎天□諭，己界內讓小南頭築渠一道，以敦鄰好。執意小……力修行。不數年，將渠歸河。後由我村不忍袖手，又讓築渠一道，小南頭仍惜費不修。延至光緒初年，突遇大雨傾盆，河水漲溢……水將我村渠路一併作爲水鄉，二年之久不能引水溉地，小南頭纔得甘心。村中士老目擊村艱，奮然復興。農隙之時，按股撥……棵。越二十餘年，樹木林立，工始告竣，闔村人以爲安享玉成之福矣。受益未幾，至宣統二年，小南頭借事生端，□恃昔是今非……渠。村老恐釀巨禍，逼控承天案下。幸遇承天親詣勘驗，明察如神，令伊村仍尋舊界築渠。案未完確，承天榮任高□，後……勘驗，與承天斷案不約而同。立案時以地理變遷，將兩村舊印約披銷存案，作爲廢紙，另立彌縫新印約，所有斷案合同……村鄉老富戶以爲在嗣諸公多費勤勞，不忍湮沒，囑予爲文，記其原委，爲後人鑒。并合同彌據勒爲貞珉，以垂千古不朽云爾。……立遵斷妥息彌縫合同。寺兒村、小南頭等，情因兩村涉訟在案，蒙天詣驗，明確小南頭舊渠，原在寺兒村渠西西壩塄之下，前年已被河水……合同，因年久地勢變遷，業經作爲廢紙批銷存案。茲經葛縣大堂訊斷，令小南頭村於寺兒村渠西西壩塄之下，河灘之內……砌修渠外塄一道，以便成渠引水。所有修渠人工，□□□按六成幫工，小南頭村按四成備工，修渠材料係小南頭自備。兩村本屬鄰……情，甘遵斷妥，立彌縫合同，所有應用人工多少隨時□辦。另立彌賬登計，惟不准損壞寺兒村壩塄、樹株、渠道。工竣之後，若再損……寺兒村無干。公立彌據，兩村各執其一爲照。

大同縣學增廣生員李敬齋敬撰。

妥理人：黃萬年、賈智堂、趙福。

寺兒村詞內人：次太元、楊世春、趙相如、全鎮。

小南頭詞內人：王芨、王慶和、石太元、王炳。

經理人：楊汝楫、楊華、楊秉富、楊汝傑、郭威、楊秉義、楊長喜、楊映奎。

新舊鄉會：楊長喜、次懷璋、楊汝梅、次懷珠、楊長茂、楊長新、次太元、楊長義、彭富、楊長壽、全鎮、次文元。

大清宣統三年歲次辛亥榴月上旬穀□。

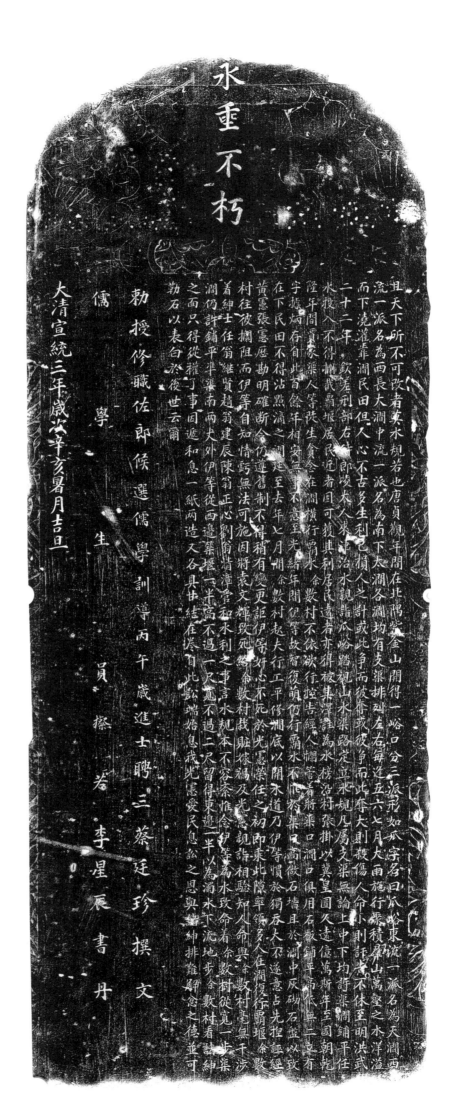

水垂不朽

勒石以表白於後世云爾

勅授修職佐郎候選儒學訓導丙午歲進士聘三蔡廷珍撰文

儒學生員 李星辰書丹

大清宣統三年歲次辛亥暑月吉旦

974-1. 爭水訴訟碑記（碑陽）

立石年代：清宣統三年（1911年）
原石尺寸：高146厘米，寬59厘米
石存地點：運城市河津市僧樓鎮北方平村

〔碑額〕：永垂不朽

且天下所不可改者，莫水規若也。唐貞觀年間，在北隅紫金山開得一峪口，分三派，形如爪字，名曰爪峪。東流一派名爲天澗，西流一派名爲西長大澗，中流一派名爲南下太澗。各澗均有支渠排列左右，每逢五、六、七月，大雨施行，聚積群山萬壑之水，洋溢而下，澆灌靠澗民田。但人心不古，多生利己損人之計，或此爭而彼奪，或彼爭而此奪，大則殺傷人命，小則訐告不休。至明洪武二十二年，欽差刑部右侍郎凌大人來津治水，親詣爪峪，踏視山水渠路，定立水規：凡屬支渠，無論上中下，均許渠澗鋪平，任水投入，不得攔截霸堰。居民近者，固可獲其利，居民遠者，亦得被其澤。注爲水榜，沿村張挂，以冀皇圖久遠，億萬斯年。至國朝乾隆年間，賈家渠人等陡生貪念，在澗橫行霸水，余數村不依，欲行控告。經人攔管，着將渠口、澗口俱用石板鋪平，高低無二，立有字據炳存。自此百餘年相安無事。不意至光緒年間，伊等故智復萌，仍行霸水，不惟於渠口高做石墻，且於澗中灰砌石盤，以致在下民田，不得沾點滴之潤。延至去年七月間，余數村起夫行工，平修澗底，以開水道。乃伊等慣於獨吞，大不遂意，占先捏誣。經黃憲、張憲歷勘明確，斷令仍遵舊制，不得稍有變更。詎伊等奸心不死，於光憲榮任之初，即乘此隙，率領多人，在澗復行霸堰。余數村往彼攔阻，而伊等自知情虧，無法可施，因將袁文輝致死，給余數村栽贓嫁禍。及光憲親詣相驗，知人命與余數村毫無干涉。着紳士任翁繼賢、趙翁建辰、陳翁正心、劉翁清漳管和水利之事，言水規本不容紊。惟念伊等爲水致命，着余數村從寬一步，渠澗仍許鋪平，準渠南兩丈外，伊等從西邊築堰一半，高不過一尺，寬不過二尺，留得東邊一半以爲澗水下流地步。余數村看諸紳之面，只得從權了事，因遞和息，一紙兩造，又各具甘結在卷。自此訟端始息。我光憲愛民息訟之恩，與諸紳排難解忿之德，并可勒石，以表白於後世云爾。

敕授修職佐郎候選儒學訓導丙午歲進士聘三蔡廷珍撰文，儒學生員璨若李星辰書丹。

大清宣統三年歲次辛亥暑月吉旦。

清（五）

974-2. 爭水訴訟碑記（碑陰）

立石年代：清宣統三年（1911 年）
原石尺寸：高 146 厘米，寬 59 厘米
石存地點：運城市河津市僧樓鎮北方平村

〔碑額〕：萬古流傳

和息甘結稿

具懇恩人府經聽趙建辰、五品銜任繼賢、廩生陳正心、師範科舉人劉清漳爲訟，經處息，懇祈免訊銷案事。緣袁朝明等控蔡廷珍等於案，應候明訊，何容冒懇！但兩造俱係職等親友，不忍坐視絳訟，遂將兩造邀至一處，從中排解。查得伊等因爭水渠起衅涉訟，繼報人命。職等博訪袁文輝身死之處，迹近曖昧，無從考究，兩造均置勿論。惟伊等所爭渠澗，經職等詳察形勢。袁朝明等賈家渠居西勢，如丁字處，令鋪平澗底，北自乙字渠，南至渠盤，東西俱至澗堰，四面均平。賈家渠以南二丈之譜，從澗西邊築石堰一半，高一尺，寬二尺，引水向渠，不得增高霸堰。賈家渠舊有低壹人之説，今從騰檀□以東九尺，渠口較澗低壹尺，不得增高，不得過深。并處令袁朝明等修澗，着大澗人户蔡廷珍等於袁朝明等幫興工錢二百串，永杜爭端。均無异詞。彼此均願息訟，仍歸舊好，兩造俱遵理□完□。爲此不揣冒昧，禱懇仁大恩，准免訊銷案，則職等與兩造均有大德矣。

具甘結人袁朝明等，今具何大老爺案下，蘇滿等控蔡廷珍等於案，現經親友排解，小□村袁文輝身死，念親友排解，未便深究。惟小的等賈家渠居西勢如丁字處，令鋪平澗底，北自乙字渠，南至渠盤，東西俱至澗堰，四面均平。賈家渠以南二丈之譜，從澗西邊築石堰一半，高壹尺，寬貳尺，引水向渠，不得增高霸堰。賈家渠舊有低壹尺之説，今從騰檀渠以東九尺渠口，較澗低壹尺，不得增高，不得過深。并處小的等修澗，着伊大澗人户於小的等幫興工貳百串，永杜爭端。均無异詞。小的等願甘息訟，甘結是實。

具甘結人貢生蔡廷珍等，今具到大老爺案下。緣袁朝明等控生等於案，現經親友排解，伊村袁文輝身死，迹近曖昧，無從考究，小等與伊等均置勿論。惟伊等賈家渠居西勢如丁字處，令鋪平澗底，北自乙字渠，南至渠盤，東西俱至澗□，四面均平。賈家渠以南二丈之譜，從澗西邊築石堰一半，高壹尺，寬貳尺，引水向渠，不得增高霸堰。賈家渠舊有低一尺之説，今從騰檀渠以東九尺渠口，較澗低一尺，不得增高，不得過深。并處令伊等修澗，着生等大澗人户幫興工錢貳百串，□杜爭端，均願息訟。生等遵處無詞，甘結是實。

首事人：歲貢蔡廷珍、從九蔡志周、生員蔡佐文、耆賓衛振基、生員李星辰、耆賓陳慶元、耆賓劉志誠、監生韓邦興、張俊傑、張天錫、原步雲、原正心、監生張三長、監生吳貴成。

起錢人：蔡家巷：監生袁彩彰、蔡春茂、監生蔡際春、蔡新春、蔡景康、蔡廷彥、蔡廷福、蔡惟孝。李家堡：拔貢李天培、李文銀、從九李維清、監生李金山、李生輝。劉家堡：劉兆豐、監生韓邦俊、陳慶利、韓邦瑞、曹俊德、韓清義、韓邦傑、陳慶茂。鐵爐巷：張天佑、張君顯、張進賢、張彩芝、張金餘。銀匠巷：耆賓原體乾、武生原得功、原盛福、原金禄、原有生。南方平：監生吳繼先、薛學民。刊石。

975. 雙頭垣村重修碑記

立石年代：清宣統三年（1911 年）

原石尺寸：高 132 厘米，寬 60 厘米

石存地點：臨汾市霍州市陶唐峪鄉雙頭垣村聖王廟

〔碑額〕：萬世永垂

雙頭垣村重修碑記

余村有聖王廟一座，神靈顯其赫望，人民蒙其恩德，杜風收脉，洵一方之保障也。乃歷年久遠，風雨飄搖，殿宇滲漏，房屋塌壞，檐芽脱落，瞻望者不□目睹而心傷。及光緒十三年，余□公議重修，商諸老幼，□不欣然樂從。於是鳩工起事，殿外換土壁而包磚壁，殿內易神牌而塑神像。聖王主之□中，關帝、龍王配之於左，蚒蠟、文昌配之於右。東殿財神、牛王、馬王，西殿藥王、山神、土地。神聖之威靈較前□顯，人民之獲福□□更多矣。其下南則創建樂樓一座，以備敬神献戲之用，東則堅□磚窑三孔，以爲□公栖身之所。乃東方之事功未成，而數年之公□告罄，欲自此中止，甚非所以妥神靈而安人心也。爰是又□畝□資□本行息，行至□統二年，本利積至三百餘貫。余等因議，覓匠疕材，以終此事。□□東面補修成就，厥後立磚窑於正西，以爲後人□息之地，蓋瓦厦於兩角，以補下煞空虚之方。補其缺而風愈壯，拓其基而脉益收。土木金石丹青，前□□需金七百餘緡，所來經費，雖賴屢爲積聚，尤賴四□仁人君子之樂於解囊也。然則斯廟之修，豈□謂□□人而稱完善哉，而前人夙存之願略可慰□。工竣，余聊爰事以誌。是爲序。

儒學生員少伯孫長庚撰文，儒學生員亦杰安國俊書丹。

光緒十三年至十六年首事人：（以下碑文漫漶不清，略而不録）。

宣統貳年至三年首事人：（以下碑文漫漶不清，略而不録）。

木匠楊如榮。

大清宣統叁年桂月下浣穀旦。

976. 三峪渠圖碑

立石年代：清代
原石尺寸：高 165 厘米，寬 66 厘米
石存地點：運城市河津市樊村鎮干澗村

〔碑額〕：萬古常昭

三峪渠

（三峪渠圖）

黄河流域水利碑刻集成·山西卷　七

977. 太峰銘

立石年代：清代
原石尺寸：高 36 厘米，寬 36 厘米
石存地點：運城市芮城縣民俗館

太峰銘
同井而厚，而康而壽。

978. 公議用水合同碑

立石年代：清代

原石尺寸：高 115 厘米，寬 50 厘米

石存地點：運城市稷山縣博物館

〔碑額〕：碑記

立合同人馬村、東段村二村渠頭。二村衆□公議使水打土煞，兩村因爲堵□之時，不料胡家庄合村人等踴躍多人而來，强行剗煞，因此二村公議行詞。幸蒙李天電□斷明，兩村所費資財，照地畝拔錢均攤，如有半途不隨者，將自己地畝入官。若遇水發，澆地之時，上滿下流，下段有未澆完者，上段不得堵塞。若有□□□水者，議就罰銀拾兩。澆地之時，挨次輪流，□渠□□協力同辦。如有將自己澆完逃云而走者，罰銀四兩。言明澆過者，拔錢壹佰文。倘有未入地□□者，兩村阻擋。恐後世遠年湮，出不法之徒，無分硬澆，故立合同，一樣二張，各執一張爲證。

東段村渠頭：喬大金、吳宗盛、張体良、張璠。

馬村渠頭：李玉潤、段九義、段崇福、董有□。

段苗墳地二十畝，姚棟地十八畝，張建德地十畝，張体温地五畝伍分，喬大金地十畝七分，段相地七畝，李合智地五畝，李合民地六畝，段奇德地五畝五分，段大棟地十畝，李士敏地四畝，吳天伸地二畝，張瑜七畝，張璠二十畝，張玖十畝，段敏寧十一畝，李甲奇四畝，李兆孔二畝五分，李吉四畝，寧德壽四畝，董廷立二畝五分，吳天秀二畝，張九智五畝，張阻娃四畝，蘇遷見四畝，段合道八畝，黃寬四畝，黃玉四畝，黃綸七畝，李相六畝，段汝杰六畝，吳紹仲□畝，梁明雨七畝，張向□三畝，□宗盛九畝，段九三四畝，段有尚五畝，段有印六畝，段景會二畝，段宗德三畝三分，段成善二畝，翟林治三畝，張建□□畝，王振國四畝，黃忠仁六畝八分，王大才二畝，段九義十三畝，黃廷佐五畝，李玉潤九畝，段□相四畝，李汝成十畝，段青雲十五畝，西楊原天林三畝。

石工段大青、段大平。

清（五）

2115

古耿龍門全圖

薛文清公東龍門八景詩

979. 古耿龍門全圖暨薛文清公東龍門八景詩

立石年代：清代
原石尺寸：高114厘米，寬64厘米
石存地點：運城市河津市真武廟

古耿龍門全圖
薛文清公東龍門八景詩
石棧連雲
天險長橋駕彩虹，岩迴路曲似蠶叢。
游人多少迷津渡，雲鎖闌干十二重。
鳴泉漱玉
石乳雲根一脉通，涓涓滴翠玉丁東。
個中無限滄浪起，清淺偏宜濯我纓。
南亭夜月
遠對孤峰接華尖，潮聲夜夜繞風簷。
門開惟許來明月，捲上銀鈎不放簾。
北口秋風
梁山劈破地天間，萬里河源星宿來。
可奈寒飈秋色暮，胡笳羌笛甚縈懷。
層樓倚漢
樓結飛甍峭壁懸，丹崖萬丈碧雲間。
分明閬苑清虛府，好乘星槎上九天。
飛閣流丹
畫閣臨崖結構雄，翬飛屹立半虛空。
轆轤百尺長牽綆，一汲洪濤起臥龍。
桃浪三汲
星河一瀉勢如傾，春暖桃花浪幾層。
囑咐鱣魚休點額，崢嶸頭角任飛騰。
雷聲一震
九折黃流風浪平，紫雲芳草護長汀。
蟄龍不是蟠□穩，端等春雷第一聲。
坦齋敬書。

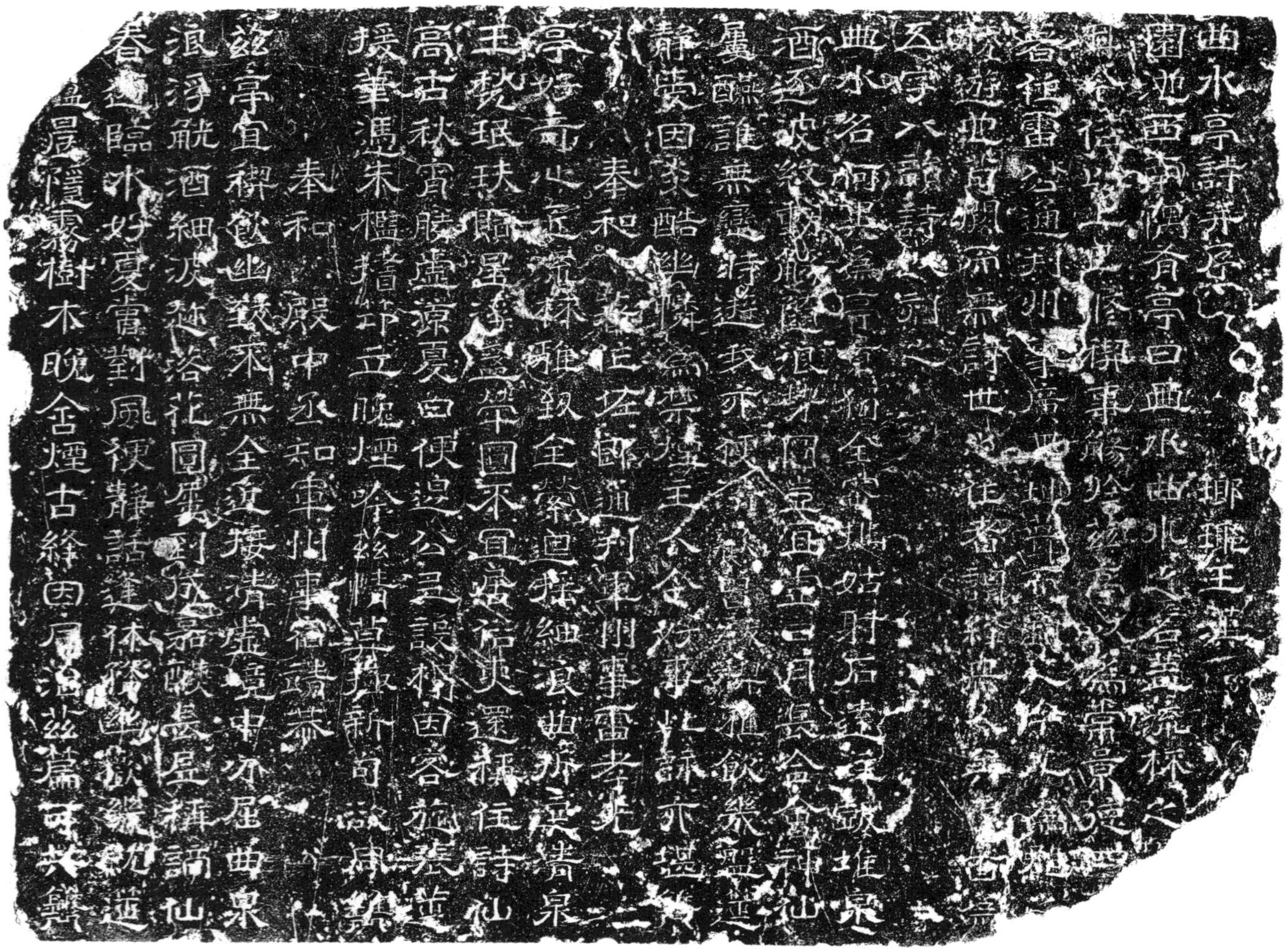

980. 曲水亭詩并序

立石年代：清代

原石尺寸：高 70 厘米，寬 93 厘米

石存地點：運城市新絳縣博物館

曲水亭詩并序

琅琊王漢

園池西南隅有亭，曰西水曲水之名，蓋流林之□□，且今俗以上已修禊事，觸於茲高以爲常。景德四□，著作雷公通判州事，廣其地，葺而新之，今又爲郡之□游也。苟闕而無詩也，世之作者謂絳無人矣。□圖爲五字八韻詩以刻之。

曲水名何异，爲亭貴獨全。密排姑射石，遠注鼓堆泉。酒逐波紋動，觸隨浪勢圓。豈宜虛日月，長合會神仙。屢醮誰無戀，時游我亦便。清歡曾□禊，雅飲幾盤筵。静受因炎酷，幽憐爲禁烟。主人今好事，比咏亦堪鐫。

奉和著作佐郎通判軍州事雷孝先。

亭好奇心匠，流林雅致全。縈迴搖細浪，曲折滨清泉。玉氎珉玞贖，星浮盞犖圓。不宜居俗吏，還稱住詩仙。高古秋宵勝，虛凉夏日便。邊公多設榻，因客旋張筵。援筆憑朱檻，揩笮立晚烟。吟兹情莫極，新句欲同鐫。

奉和殿中丞知軍州事宿靖恭。

兹亭宜禊飲，幽致不無全。近接清虛境，中分屈曲泉。浪浮觥酒細，波趁落花圓。屢到成嘉醮，長居稱謫仙。春游臨水好，夏實對風便。静話逢休務，幽歡幾就筵。□□晨隱霧，樹木晚含烟。古絳因同治，兹篇可共鐫。

981. 治水勤勞碑

立石年代：清代

原石尺寸：高 95 厘米，寬 57 厘米

石存地點：臨汾市洪洞縣廣勝寺霍泉水神廟

……賴焉。如我趙邑，古有北霍渠，灌溉幾千頃，保養數萬戶，此誠農夫之慶也。然非經理□人，何……身任其責，治水勤勞，莫或遑息。使春夏秋浸潤適宜，上中下輪流合規。況茲六月間三伏不雨……公而忘私者也。兼之渠司、水巡佐理維勤，三坊巡查不息，是以田畝雖廣，無一處而不沾其惠焉。□以人力……

邑庠生李正誼撰，國學生高益友書。

（以下芳名漫漶，略而不録）

清（五）

982. 河圖碑記

立石年代：清代

原石尺寸：高 150 厘米，寬 61 厘米

石存地點：運城市夏縣南大里鄉趙村

〔碑額〕：□記　　日　月

河圖

河澗天設地造，石湍琢成，良工槽渠引水歸盆中，兩傍石杆攔定。漾泗分流左右，水□□□西東造作，一切準天平，宛然□□□。

〔注〕：碑面刻水系走向示意圖，上刻"河圖"。溝水始自"分水盆"，圖文標明"連山石、引水石漕、天平架、分水盆、杆壩、石杆、分水渠、板堵、堵壓處、老河口、南坡、北坡"等。"分水盆"下爲"河心"，左側標示出"陡石山、趙村、崖地、河岸"等位置，刻畫出河心的"分流渠"，標明"上腰渠即柴家腰渠""中腰渠即東郭腰渠""下腰渠即西郭腰渠""澗南上馮村腰渠"；右側標示出"上馮村、土坡、崖地、河岸"等位置。該碑刻內容爲上馮村與趙村間河溝的地形及水系走勢，是兩村及其下游村莊分別使用條山前麓澗水的史證，是縣域水利史的珍貴資料。

983. 青龍河石盆圖

立石年代：清代

原石尺寸：高 167 厘米，寬 60 厘米

石存地點：運城市夏縣南大里鄉趙村

〔碑額〕：青龍河石盆圖

高山峙兩邊，河水在中間。從古工師巧，開口鑿石湍。引水入盆內，分流左右岸。不用人言語，公平可對天。

〔注〕：碑面刻從上游匯聚的五條溝水，溝澗兩邊刻有"雙廟河""孟家三官廟"圖。在下游連山石處設分水渠，有"老河口"及"分水盆"，分水渠兩側刻詩文。從"分水盆"開始，溝水被引入左右二渠，"分水盆"下便是"砂石土河"。該碑刻是歷史上趙村與上馮村合用東山溝水的鐵證，亦是兩村使用東山溝水的標準及天平，是縣域水利史的重要資料。

清（五）

984. 重建龍王廟樂樓碑記

立石年代：清代

原石尺寸：高 155 厘米，寬 67 厘米

石存地點：朔州市朔城區小平易鄉祝家莊村

〔碑額〕：萬善

重建龍王廟樂樓碑記

竊以□神之爲靈昭昭也，而龍神尤其甚焉者。其靈能興雲致雨，其功能時和年豐。恩及寰宇，澤沛群藜，龍之爲神不綦重哉！以故十室之村，莫不有是廟。夫莫爲之先，後將何述；莫爲之後，前功易墜。必有作之者創□先，述之者繼於後，乃能因革損益，補偏救弊，功厥成而神人□悦也。祝村舊有龍神□一座，前殿、後殿合□一院，廟門外□□一條，路南建蓋樂樓三間。樂樓者，奏假之所也，春祈穀而秋報享，酬神獻戲，端賴此地。□□□所關，亦非淺鮮，樂□與□所宜相聯而不宜相隔，其規模宜廣潤而不宜窄狹，其周圍宜方正而不宜□□。□之樂樓建在廟門之外，其格式散而不聚，其臺基隘而不廣，□樓之東係□□院，萬難展括地勢，與廟墻偏而□正，此舊制也。前者即有補修，不□因陋就簡，仍循舊□，□欲更易，不獨力有不能，而且勢有所阻。近年來風雨侵剥，□宇凋零，村人目□心傷，再四商酌，直付之無可如何。奈神靈之感觸，忽動衆姓之善念，張姓聞知村人俱欲重建樂樓，易□而大，改偏就正，并欲同置廟門之內，因□東地勢偏窄，難以成功，遂□此屬美舉，情甘捨去□基□餘，共□大事。村人聞之，莫不歡喜，衆謂此係公事，何必□苦，議□三千，給與□姓。六年春，□躍捐資，擇吉興工，□□□棧，一并拆去。前之樂楼規□狹小者，今則增其式廓矣；前之周圍無墻者，今則粉壁增光矣；前之隔墻□外者，今則新舊合一矣；前之偏□不正者，今則由中連外矣；前之廟門一座向南者，今則東□二門矣；前之舊路在前者，今則移於樓□矣；前之鐘樓在北□，今則移於東南矣；前之禪室全無者，今則西□□間矣，神則猶是也，而廟貌改觀矣。异日者□神獻戲之時，洋洋盈耳之聲，神之聽之，終和且平，此所謂□神□□在也，如此而有不神人胥悦者乎。□□前之功，述□後之力，前人後人，廟工復成。猗歟休哉！□□祝村之幸歟。是工也，始於三月，終於七月，目前無不□□□底，□□，何能悉其首尾，有碑以記之，庶可昭示□□，無不□然於心目也。今越二載，刻石勒碑，求予爲序。予雖不文，義不容辭，□叙顛末，以誌不忘云爾。廟內之形勢，□已詳言，廟□之餘地，亦復謹記，□□南自路至臺基膳地，□□五尺餘，西□□契買空地一□，□有約據，并刻□石，遺□後人。

馬邑貢生符先立薰沐敬撰，府學庠生陳鴻賢薰沐敬書。

謹將捐資姓名錢數開列於後。

重修池波碑記

池波之設所以壯觀瞻實行以補風水也　今村舊有池波觀形度勢

實在中央迄今數百餘年而今文薪起戶口繁殷則村勢之興隆未

始不藉此池以助其風脈也但年湮代遠池岸多有損傷久欲補修

奈貲財不給幸自乾隆年間喜植柳樹數株至今積銀壹百武十餘兩以

發衆東西北三甲人等高議重修爰乎煥然一新以繼前人之志以

壯一村之威也延經管數日而厥功告竣恐後復有損傷刻池四面

俱係官地謹將規條勒石以誌不朽云

邑庠生主夢弼誤並書

985. 重修池波碑記

立石年代：清代

原石尺寸：高100厘米，寬40厘米

石存地點：運城市臨猗縣廟上鄉好義村

重修池波碑記

池波之設，所以壯觀瞻，實所以補風水也。余村舊有池波，觀形度勢，實在中央。迄今數百餘年，而人文蔚起，戶口繁殷，則村勢之興隆，未始不藉此池以助其風脉也。但年湮代遠，池岸多有損傷，久欲補修，奈資財不給，幸自乾隆年間，賣柳樹數株，至今積銀壹百貳十餘兩。爰聚東、西、北三甲人等，商議重修。庶乎焕然一新，以繼前人之志，以壯一村之威也。乃經營數日而厥功告竣。恐後復有損傷，矧池四面俱係官地，謹將規條勒石，以誌不朽云。

邑庠生王夢弼撰并書。

986. 重修龍王祠碑記

立石年代：清代

原石尺寸：高83厘米，寬70厘米

石存地點：運城市絳縣古絳鎮堯寓村

清（五）

……氣也，不者有司當因地制宜，以亟改之。絳治南十有五里，層巒叠峰，絕頂茂林中有湫池龍王……名湫池，而龍王祠亦即以湫池名焉。慶雲靄靄，瑞烟冉冉，正八景中，舒光處也。但年遠，肇建無考，延……離，彼時或有取尔也。後當成化丙申，董侯憂旱，曾步禱是祠，歸暮見龍宮雲起，明朝大雨滂沱，侯則感其……屢應，每年七月十五，治南諸村祭賽。迨嘉靖癸亥，陶侯復鼎而新之，是皆知答其洪庥，而不知沿□舊，向……者咸曰：絳爲唐堯甸服，晋文故墟，而襟山帶河，形勝又不在河東諸邑下，乃民多貧穷，士鮮科□者，非以……使有志而不獲改。噫！果絳人之不幸也與。亦以非常之事，非非常之才不舉也。至萬曆己亥冬，我……刀小試于諸，凡國事民情，剖若破竹。及迨午而堂，常虛公餘即注意于風氣，凡衙舍祠館，有裨于絳者……年，无不聿新改觀矣。一日又進紫家等里，父老□達登、□承祖、王大有、郭守中、李應蘭、任安民、柴□、郭宗湯、陳……郛廓也，体不歸向于心爲委形，神不歸向于治爲灾异。吾聞湫池逞事，其神感應，視他神更速矣。顧……枯，民窮士困也耶。吾夙夜欲與若改而地向尔心，以爲何如？敖等歡然而諾。侯即同一二僚屬捐……輸財貧效力，皆爭先而無難色。侯又慮其山境幽寂，居民疎遠，人尚弗存，□其何依，先擇其僧人真……移。无土爲臺，鑿石以砌之，無水爲泥，積雨以成之。功力雖艱，而神運鬼掄，不越月而基址宏敞，上構……雨，東西廊各三間爲僧舍，北建雲梯門便出入。倩以丹青，繪其棟宇，規模岩□六七丈，樹木森森……非絳易一奇觀哉。至此龍脉潛回，溪澗井泉之利，雖隆寒盛暑，人果不可勝用，多士興起，行將甲第……暘時若，歲和年豐，必自一改致之者，侯之力何有窮□也。事竣，敖□□鑱之貞珉，乃乞文於芝□徐……祠改建也，他如修學校以建危閣，填巨壑以闢重關，改操場而氣協宜，興集市而催科不擾，解……尚不能縷析以不文之，余詎能闡述其萬一耶。力辭之義弗容已，特核其歲月而次第之。是工經……心，湖廣長沙府進士，以其政聲丕□，大年陞四川夔州府通判。其餘檀越有副碑在……

……李承春篆額，男廪生慶我李徵吉書丹。

……□守中、李應蘭、王大有、裴大敖、□安民、徐世登、陳東源、陳豆、郭宗湯、□□□、柴發、徐承祖、□時節、李蒼、王自修、張廷府、張應時、馬一林、喬景陽、喬扶龍、郭□竪。

主持僧人真□。

石匠孫承科、孫承第、楊廷□，徒郭登第仝鑴。

重修龍天廟碑記

諸云鬼神之德體物不遺易曰鬽
之北郊米家庄名世志石古有
澤噫志別
灼龍
焦苦泃馭而泉竭於烏
神靈
世茅
王鳳
王同

987. 重修龍天廟碑記

立石年代：清代

原石尺寸：高 112 厘米，寬 63 厘米

石存地點：呂梁市汾陽市太和橋街道米家莊村昭濟聖母廟

重修龍天廟碑記

《語》云：鬼神之德，體物不遺。《易》曰：聖人以神道設教，孰爲正神，凡有□於生民者，蓋益祀之。吾郡之北郊米家庄石佛寺右古有龍天廟。歷年久遠，土人相傳謂尊神□安生址，專司雨澤。噫嘻！群黎以食爲天，而甘霖是望者乎！向壬寅、癸卯兩歲，□禾□□，余□□而圻龜，草木□焦，苦汲艱而泉竭，弥月無石燕之翔，瞻雲切□龍之現。於是本村……燭，龍避影魚，□作雲雨，是郊原人歌樂歲，吏賀□廷，衆歡於邦。……至如殿宇□□，風雨□□，不足以妥神灵而展誠恪。幸糾首趙世全□□□□量力□□□工聚財，數月而成。但□□兔□，神容赫奕，爲一方之盛……久固，不□董事之善念，更有望於後世之同心。

□□□邑人胡□堯薰沐謹撰，汝陽邑□□任讓薰沐謹書，本村□士馬福□薰沐謹篆。

王□琨、靳世榮、□□德、唐志學、任讓、王憲、馬仁、馬福□、馬□、靳可保。

康熙□□年月吉旦。

砥柱河律碑

988. 砥柱河津碑銘

立石年代：清代
原石尺寸：高 314 厘米，寬 100 厘米
石存地點：運城市永濟市唐鐵牛博物館

砥柱河津

故井贊

疏食飲水曲肱樂之既清

且渫汲繩到茲我取一勺

以飲以思嗚呼

宣聖實我之師

御筆

989. 乾隆御書故井贊碑

立石年代：清代

原石尺寸：高 97 厘米，寬 64 厘米

石存地點：朔州市朔城區崇福寺文管所

故井贊

疏食飲水，曲肱樂之。既清且渫，汲繩到茲。我取一勺，以飲以思。嗚呼！宣聖實我之師。
御筆。

蓋聞耕田而食鑿井而飲自古皆然非由今始剡水之為用無火並重次可
以鑽而取水有不藉汲而飲者乎欽邑西南一隅戶泉水乏舊井新井既各
不給因斜泉合商謀另舉但見人皆瘁心錢共解杖爰請風鑑卜吉方幸各
得於南門外韓守信地內而其次埋舉桂即樂施焉甚盛德事也方其畚揭
經營厥工則勤勤弗懈迨夫轆轤汲引其泉源源而來是雖鳳地脈之疏
通乃致何莫非人心之肥誠聊叙字也於是繫牆安門工已告竣共計費四什
餘金因勒諸貞珉以誌不朽云

邑儒學生員

桑泉　張濬川撰文

本莊　韓之屏書丹

990. 敬村打井碑

立石年代：清代

原石尺寸：高 67 厘米，寬 45 厘米

石存地點：臨汾市襄汾縣新城鎮敬村

蓋聞耕田而食，鑿井而飲，自古皆然，非由今始。矧水之爲用，與火并重。火可以鑽，而取水有不藉汲而飲者乎？敬村西南一隅，户衆水乏，舊井、新井既各不給，因糾衆合商，謀爲另舉。但見人皆齊心，錢共解杖，爰請風鑒卜吉方，幸得於南門外韓守信地内，而其次侄攀桂即樂施焉，甚盛德事也。方其畚揭，經營厥工，則勤勤弗懈。迨夫轆轤汲引其泉，則源源而來。是雖屬地脉之疏通所致，何莫非人心之肫誠所孚也？於是築墙安門，工已告竣，共計費四仟餘金。因勒諸貞珉，以誌不朽云。

邑儒學生員桑泉張濟川撰文，邑儒學生員本莊韓之屏書丹。

（以下碑文漫漶不清，略而不録）

唱戲雜貨置酬陰陽□銀酒飯錢共使銀陸兩叁錢貳分，井匠土工并買柳樹及炭共使銀貳仟兩零四錢壹分，買□□□□及一切使用物件并雜費共使銀四兩伍錢貳分，解匠木匠并飯脚□井錢共使銀壹兩壹錢捌分，買磚蓋井口石及□箔門□□□□使銀□兩零□分，蓋井房并刻石工銀共使銀七兩四錢陸分。

韓昌、韓霈、韓漬宰。

創建龍王廟孤魂祠碑記

古者天子祭天地諸侯祭社稷大夫祭五祀今各屬郡縣未嘗扳

古耿龍王廟表衷山河舟楫之所鱗次商賈之所雲屯地曰歲不

尖務駐劉於斷每於春秋祭祀之日覩延民向無祠宇奉奠先靈不

乎魂無所依而鬼其餒邱又聞過往客商武凸諸道路或喪亡遂沒

種不一誰其憐之自昔至今往往鬼哭夜靜則聞於吾心也未始参

紳耆延民舖戶魚輸蠹金於延之畔在河之濱創建孤魂祠以祀之

每歲清明七月望十月朔紳耆親詣祭奠俾凶民故客均愛燕蒸成

時之義菴慰千載之游魂貫予所原望也夫是役也興於己末祐至

成於仲夏董事捐輸姓氏咸勒諸石爰記巔末而為之歌曰延之表

極黃泉與蒼穹砭之集粉非延西而延東春燕絲今秋柿紅雄綠好

□□□□□□□□神分奠茲富□石爰記管河南批縣駐列吉州

□□□□□□河東豐法經歷□□□□□□□□□□龍王

□□□撰 □□□

□立

玉 吉州□正司道玉□

991. 創建龍王辿孤魂祠碑記

立石年代：清代

原石尺寸：高 98 厘米，寬 64 厘米

石存地點：臨汾市吉縣壺口鎮馬王廟

創建龍王辿孤魂祠碑記

古者天子祭天地，諸侯祭社稷，大夫祭五祀，今各屬郡縣亦崇祀焉。□古耿龍王辿，表裏山河，舟楫之所鱗次，商賈之所雲屯地。丙巳歲，余□公務，駐劄［扎］於斯，每於春秋祭祀之日，見辿民向無祠宇奉其先靈，□□乎魂無所依，而鬼其餒耶。又聞過往客商，或亡諸道路，或喪於波□，種種不一，誰其憐之！自昔至今，往往鬼哭，夜靜則聞，於吾心惻然。爰□□中紳耆，辿民鋪户，各輸囊金，於辿之畔，在河之濱，創建孤魂祠以祀之。每歲清明、七月望、十月朔，紳耆親詣祭奠，俾亡民故客均受蒸嘗，成□時之義舉，慰千載之游魂，實予所厚望也夫。是役也，興於己未□春，□成於仲夏，董事捐輸姓氏，咸勒諸石，爰記巔末，而爲之歌曰：魂之來□極黄泉與，蒼穹魂之集兮非辿西而辿東。春韭緑兮秋柿紅，鷄豚□□□□豐。願無崇吾民兮化清風，浪不鼓兮波不洪。四時安吉兮萬古□□，□爲斯土之神兮奠茲宫。

□□□□□衘□授河東鹽法經歷兼管河南批驗駐劄吉州龍王……撰……葛丕顯書。

吉州道正司道正劉福□。

……日立。

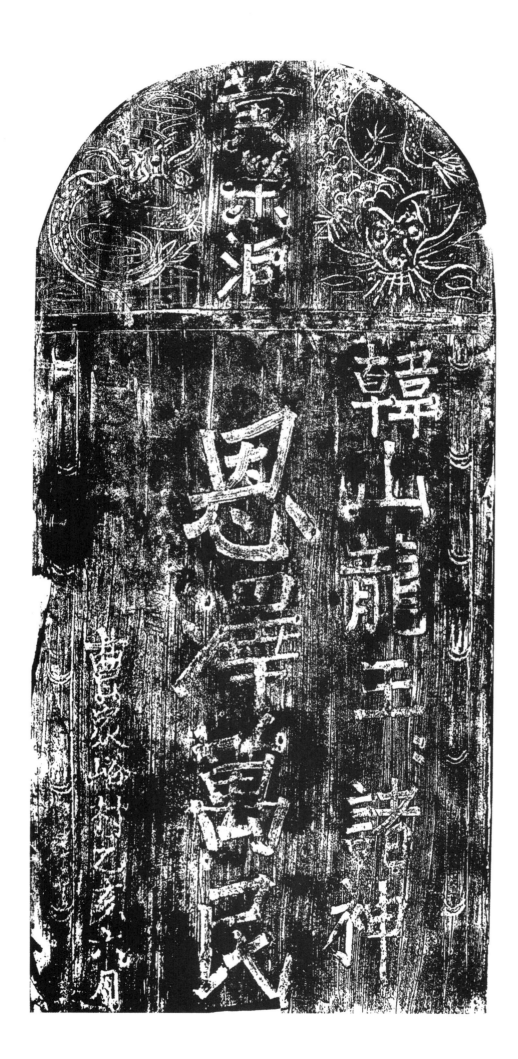

992. 韓山龍王諸神碑記

立石年代：清代
原石尺寸：高 102 厘米，寬 55 厘米
石存地點：呂梁市石樓縣龍交鄉黃雲山

〔碑額〕：黃榮洞
韓山龍王諸神恩澤萬民。
曹家峪村乙亥六月。

民國時期（一）

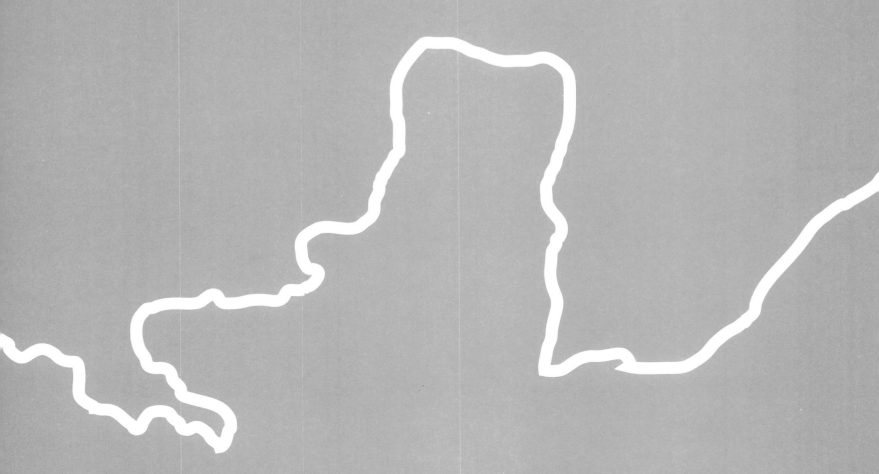

993. 重修龍王神廟碑

立石年代：民國元年（1912年）

原石尺寸：高133厘米，寬63厘米

石存地點：臨汾市浮山縣寨圪塔鄉張村龍王廟

〔碑額〕：流芳百世

張村舊有龍王神廟一所，千古靈應，一方保障。其地幽雅，其山崢嶸，其水玲瓏，誠盛京也。且自創建，自始難溯，□□□祭祀之傳，易始虔恭，周接二里大小三庄，朔望朝拜。但□歷年已多，雀之啄、鼠之穿，殿脊垣累矣，角墙塌矣。惟關公德洪等合社同公約議，協力督辦，特舉捐資。光緒戊申年至宣統己酉年□□祭祀易廢，捐錢壹百九拾四仟文正，耀社谷四拾七石五斗二合，錢九十五仟文正，地主□□錢三拾二仟二百文正。化項不足，又神分家捐錢九十仟零三百二十文正，共捐錢四百一□□□五百二十文正，拆挖大殿并兩小耳殿、關帝、菩薩，并兩傍戲樓，新修東西看樓、社房。□□丁未年開工，宣統辛亥年完工。復爲正理殿宇□□，檐牙凋弊亦爲修補，舍舊以從新。一木何能□大廈，雖不能煥然壯觀瞻，亦可以修葺支風雨也。今將出入化項，并合社捐資姓氏刊石盧列，以□□古不朽云爾。是爲序。

沁邑文童史宗録沐手撰并書，年七十二歲。

邢連珠施柳樹一棵，白興魁施條石一丈二尺；邢丙林施西房後地基，走小門路條石二丈五尺；許永嘉施錢二仟文，橡樹四棵；吉德忠柳樹一棵；梓匠出錢二□百二十五文；畫匠出錢四十五□文；玉工出錢十五仟文；出雜使錢一□七……錢項化完無存。光緒十年栽柏樹二株。

社首：張永昌、關德洪、邢連珠、張正和。督工：吉德忠、吉德智、邢丙林、蓋德富、譚來喜。

彰德府林邑梓匠趙梁年，畫匠師貢邦，玉工郭占忠。

大清宣統壬子年季春望九日合社勒石。

994. 龍王廟重修碑記

立石年代：民國二年（1913 年）
原石尺寸：高 190 厘米，寬 80 厘米
石存地點：長治市黎城縣東陽關鎮秋樹垣村龍王廟

〔碑額〕：流芳百世

龍王廟重修碑記

神人有相依之勢，古今樂似續之德。厭故喜新，比比然也，況爲一鄉之尊崇，四方之觀望者乎！

昔明天啓二年，廟屬秋樹垣，伊村江玉福重修之，本村張可立幫助之。爾時秋樹垣在槐庄居住，距廟百餘步。後緣地方狹小，遷徙於北。以離村遥遠，禱祭不便，于其村重建廟宇，而廟遺焉。張可立以德報德，邀請村人各捐己資，助彼成功，以通秦晋之好。創修日久，四方行人趁蔭歇息，就館啓箸，南來北往，共知龍王廟之所在，遂即以名村焉。又逾二三百年，墙壁傾倚，房屋頹毀。村人有好事者，計及錙銖，穰成巨資，積穀百餘石，又募化四方，以作興工之費。喜歌舞者，高大戲樓曰不必；好寬闊者，開展廟宇曰無須。古人曰："仍舊貫如之何，何必改作。"於是築登登，削平平，不數月而工程告竣。樓閣玲瓏，光彩射日，神像輝煌，威嚴極天。落成之後，作歌以頌之：

南望鳳嶺，北達清漳；東連西接，鬱乎蒼蒼。須河來朝，名山遠揚。歌樓偏暖，神台極凉。旱魃遠離，伯師争芒。和風適節，甘霖普降。快哉斯域，大哉龍王！

大清庚子科郡庠生李培梓尋摘之，李彩麟圖寫之。

維首：邑庠生恩賜鄉飲介賓李春芳、李景章、李焕章、李文魁，杖鄉恩例鄉飲耆賓董發祥、宋美景、徐保庫、董富全、張保倉、賈松玉。

鄉約：張乃庚、李永倉。

林邑木工李秋園、鐵筆孫三香、泥水馮毓秀。

丹青：涉邑苗口樹、本縣牛富倉。

民國二年正月初六日吉立。

白龍洞正殿記

大中華民國二年端陽月中浣告旦

邑前清府學增生清黌生□等小學校校長郭崇憲率小學教員

陽城縣監獄署醫士兼蒙誨師李鳳書於青蓮井之室

總其事張□□

995. 重修小崦山白龍祠正殿

立石年代：民國二年（1913 年）

原石尺寸：高 127 厘米，寬 55 厘米

石存地點：晋城市陽城縣鳳城鎮窑頭村白龍廟

重修小崦山白龍祠正殿記

從來古今勝地，無非奉祀之場，天下名山，半是栖神之所。邑南二里許小崦山舊有白龍古祠，其祠下臨漊水，南望莽山，山凹向水，水抱山來，古柏森森，廟貌巍巍。祠之正殿則白龍神也。維神顯隱莫測，變化無穷，興雲致雨，旱禱則靈。每逢四月初三日，爲御祭之期，遠近來觀者絡繹不絕，誠盛舉也。比年檐崩瓦烈，勢將傾圮。宰社張君嶼等首先提倡，乃屬其耆老而告之曰："此殿創修有年，久爲風雨摧殘。若不從新整頓，非特無以妥神靈，亦且無以壯觀瞻。"於是公同協議，將祠前柏樹砍伐数十株，或用爲椽檩之需，或售爲修理之費。凡我在社同人，無不贊成。重修於前清宣統三年桃月，告成於本年重陽也。但見殿宇輝煌，焕然一新，較之昔日更爲美觀。若非嶼君等旦夕在工，不辞勞力，何能見今日之外容乎？工既竣，李君鳳書囑予爲序，以旌嶼君之善舉。非敢謂文也，聊誌之以期永遠勿替云耳。是爲記。

邑前清府學增生浚蒙初等小學校校長郭崇憲薰沐敬撰，陽城縣監獄醫士兼教誨師李鳳書沐手書丹。

（以下人名及捐錢金額等略而不録）

玉工譚吉慶，住持惠傳。

大中華民國二年端陽月中浣吉旦。

996. 趙合户買地開河栽樹碑記

立石年代：民國二年（1913 年）
原石尺寸：高 63 厘米，寬 100 厘米
石存地點：晋中市壽陽縣平舒鄉太安村

趙合户買地開河栽樹碑記

且夫繼志述事，孝者之稱，未嘗不嘆先人制作，實後人之所則效者也。今吾趙氏合户祖塋，東有方山照臨，西有大河循環。在昔先人制作，孰不曰此勝境也，誠趙氏後世子孫瓜瓞綿綿，人才出衆之一徵也。無如年深日久，而河水洋洋，逼近墳塋。墳塋漸傾，已非一日。老幼矚目，莫不悲傷。於是宣統三年闔户公議動工，臨圍買地拾畝四分，築灞開河，多植樹木，以護墳塋耳。因勒石以誌不忘云。今將一切出入使費，開列于後。

計開：入舊年原存錢壹百陸拾伍千文，入賣楊樹錢叁拾貳千文，入屢年存租米錢貳拾叁千叁百六十八文，入賣松樹錢壹拾叁千八百文，入賣宋家坪地錢叁拾千文，以上五宗共合存錢貳百陸拾肆千壹百陸拾捌文。出買劉作人地畝錢壹百千文，出買趙善守地貳畝錢壹拾柒千文，出干攬開河工錢壹拾柒千柒百四十文，出買柳枝圪針錢伍千壹百八十文，出三十貳個匠工錢口千貳百四十文，出五個牛工錢貳千文，出香紙炮供獻烟茶錢壹千三百丈，出買碑石錢貳千四百文，出墨燭雜用錢玖百五十文，出買趙廷瑞地四分錢貳千肆百文，出稅契紙錢壹拾叁千叁百貳拾八文，出買柳樹錢肆千叁百文，出五百三十二個人工錢陸拾八千五百八十文，出五百株小樹錢壹拾伍千文，出麥秸炭錢捌百四十文，出九宗雜用錢貳千七百一十文，出石匠刻字工錢肆千貳百文。以上十七宗共合出錢貳百陸拾四千壹百六十八文。

經理人：趙汝信、趙雍魁、趙第雲、趙詒謀、趙大有、趙世猷、趙學忠、趙益善。

中華民國貳年荷月吉日勒石。

997. 創修主山廟重修龍洞廟碑記

立石年代：民國二年（1913年）

原石尺寸：高114厘米，寬57厘米

石存地點：長治市襄垣縣王橋鎮郭莊村

〔碑額〕：創修主山廟重修龍洞廟碑記

創修主山廟重修龍洞廟碑記

且村之有主山，亦如水之有源、木之有本耳。求木之長，必固其根本；欲流之遠，必浚其源泉。思村之安，能恝然於主山乎？郭莊村乾亥方有靈秀松山，本名月朗腦，俗呼朗堆山。此郭莊村之主山也，上有玉皇神位。神之靈，則每如聞見；廟之貌，則全無規模。風雨難庇，拜跪難容。夫主山爲八疃盛衰之所係，一村福禍之所關。神無式憑，其何以堪？村人觸目驚心，久欲創造。乃有志未逮，以迄于今。兹有合社集議，興工修築。下砌八百方尺之臺，上建三間石柱之廟，新塑神像，彩畫殿宇。又昭澤王廟雨淋日久，露侵風吹，殿宇摧殘，大非昔比。若睹其剝蝕、聽其傾頹，甚非所以壯神威而隆祀典，神能無怨恫乎？主山廟既興土木，龍洞廟相繼修葺。翻蓋昭澤王大殿三間、抱厦庭三間、老君殿三間、土地殿三間，補修倉房、茶亭、内院東西各廊房共二十三間。兩廟工作約費銀三百餘圓。除本村地畝捐資、牲畜納工外，村人又不憚煩勞，復向鄰村社内廣求補助，以成聖事。俾主山之廟輝煌靈鍾秀毓，龍洞之廟煥發鳥革翬飛，是蓋於前人所未爲於前者，繼其志而成就之；於前人所已爲於前者，守其事而不敢廢墜之也。首事諸公囑余爲記。余不能文，□質高明。因再四難辭，故即事粗編而爲之記。

清恩貢生普盦米登航篆額、撰文、書丹。

總管：清介賓王儒琳、米汝霖。

社首：清耆賓米九和、清佾生崔金堂、米聯星、米汝霖。

保正：米永泉、米開宗。

維首：米占元、崔育林、楊錦才、米朝廣、米永興、米亨通、清介賓米錦田、清監生王榮城、王禮喜、米鐵、米聯星、王寶榮、米餘田、米慶和、米登航、米茂田、馮其翰、米兩□、清監生王桂枝、清附生王印章、清附生米恒貞、清佾生米開先。

香首：米拴住、崔貴來、李占芳、王運來、米汝舟、李攀金、米福和、米新年、米進喜、米有和、米戊子、李保成、王炎生、王清猷、米廷珍、王寶榮、王印心、王來明、米鎖來、王馬孩、陳存住、米長住、米聚精、李保、米榜景、王根元。

陰陽：張攀鏡。

住持連榜景，木工薛新元，石工衛立昌，畫工王之案，玉工王儒寶，刊。

民國二年孟秋月上浣之吉立石，永垂不朽。

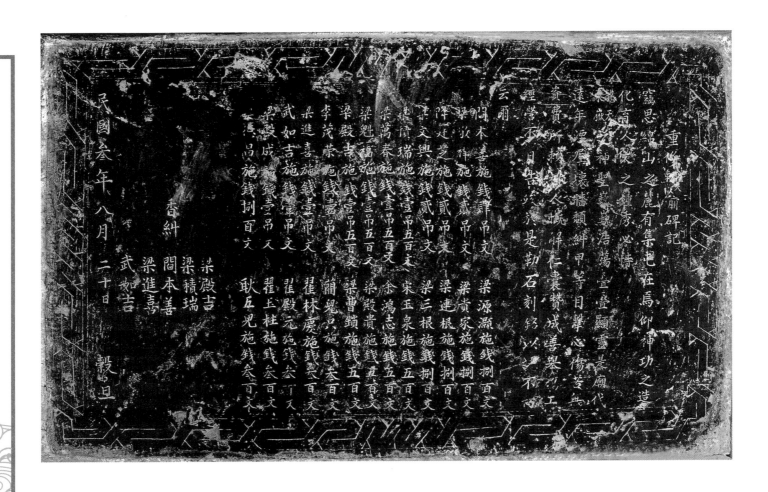

998. 重修龍天東嶽廟碑記

立石年代：民國三年（1914 年）

原石尺寸：高 55 厘米，寬 85 厘米

石存地點：晉中市靈石縣兩渡鎮集屯村龍天東嶽廟

重修龍天東嶽廟碑記

竊思綿山之麓有集屯在焉。仰神功之造化，育人文之鍾秀，必恃龍天東嶽之神聖，巍巍浩蕩，叠叠顯靈。是廟代遠年湮，屋壞墻頹，糾甲等目擊心傷，苦無資費。所賴村人慨解仁囊，贊成善舉。鳩工經營，不日告竣。於是勒石刻銘，以誌不朽云爾。

閻本善施錢肆吊文，梁敬祥施錢貳吊文，降廷芝施錢貳吊文，梁文興施錢貳吊文，梁積瑞施錢壹吊五百文，梁萬春施錢壹吊五百文，梁魁福施錢壹吊五百文，梁殿吉施錢壹吊五百文，李茂榮施錢壹吊文，梁進喜施錢壹吊文，武如吉施錢壹吊文，梁殿成施錢壹吊文，梁德昌施錢捌百文，梁源灝施錢捌百文，梁貴家施錢捌百文，梁連根施錢捌百文，梁三根施錢捌百文，宋玉泉施錢五百文，余鴻志施錢五百文，梁殿貴施錢五百文，梁曹鎖施錢五百文，藺兒只施錢叁百文，翟林慶施錢叁百文，翟殿元施錢叁百文，翟玉柱施錢叁百文，耿五兒施錢叁百文。

香糾：梁殿吉、梁積瑞、閻本善、梁進喜、武如吉。

民國叁年八月二十日穀旦。

999. 牧莊村掏挖公用井記

立石年代：民國三年（1914 年）
原石尺寸：高 36 厘米，寬 62 厘米
石存地點：呂梁市汾陽市栗家莊鎮牧莊村

⋯⋯前有舊井數眼，全然塌廢。前清光緒十四年，衆户擬欲修築新井，無地采擇矣。有鄉鄰養茂田翁急公好義，將自己的空基地一塊捨於公街使用。衆皆正在躊思之際，田翁有此慷慨，衆意樂從，就此開工修築。不數日，井事告成。至今二十餘載，水勢來源不足，不敷衆家應用，咸皆受滯。因而大衆公同商酌，僱匠掏挖舊井，不料將井掏壞，俱皆失色。經理等同聲仗義，隨築新井，其奈田姓□□，以於宣統年出售與甄長福，而今築井於此，要爭論地址之事。大衆公同斟酌，前井之地業已無用，新井之南全歸公街，倘有是非不測，與甄姓無干，闔街公辦。誠恐後日無據，勒刻嵌石，爲永□之誌。今將施錢姓氏，一切花銷，注列於左：

□長福、□承福、□廷義、□承義、□兆文，以上名施錢三仟九百文；武維常、張全仁、薛兆、任嶷、甄安明，以上各施錢二仟六百文；趙均、惠有才、惠有盛、趙啓文、田樹屏、惠恩榮、雍承志、段全有、李福星，以上各施錢一仟三百文；常大文施錢一仟零伍十文，薛永慶施錢六百五十文，程萬金施錢五百文；經理人惠廷義、武維常、雍承義、雍承福、惠有盛、薛兆、趙啓文，共凑錢四十六仟四百文，共花錢四十三仟三百四十文，下剩錢三仟零六十。下餘之項，以備打井繩使用。

民國三年望月左甲寅十一月十五日吉立。

1000. 上臺壁重修龍王廟碑記

立石年代：民國四年（1915 年）

原石尺寸：高 192 厘米，寬 73 厘米

石存地點：長治市黎城縣洪井鎮上臺北村龍王廟

上臺壁重修龍王廟碑記

臺壁爲燕王慕容垂聚粮臺，其村高大而□，高則川溪不近，大則生齒特煩。自燕迄今，所由食有餘粮，咸得托命其間者，唯雨之賜。噫！此龍王廟所由建也。是廟也，節經重修，第歷年以久，垣宇將形傾頹，規模不甚壯闊。維首等憫之，爲之移樂樓，建山門，大殿兩廊或仍舊兼改作，尤不少遺餘力。其外并於關帝、藥王、土地、聖母諸祠，靡不竭力同修，合爲完璧。廟成數十多楹，費達兩千餘金，除本村捐畝，復祈四方解囊。故興工清季，方得告竣於國初。夫而後形勢崔嵬，□□有力，金碧掩映，與國同新，因於是有感矣。我國神道設教，久成習慣，彼一般愚氓，畏人畏法，恒不如畏神之心深且切。龍神尤顯有可畏之實，有時見電閃爍，聞雷霹靂，莫不驚之懼之，使改惡爲善之心油然而生。況廟貌一新，威靈更著，即於電不見、雷不聞之時，睹斯廟者亦必驚且懼而不敢妄爲。其感化之神不但裨益乎自治，并可補助乎官治。養之源即屬教之本，正爲有關於教養，故樂作文以誌之。

前清藍翎五品銜□□□生辛亥制科舉人籤掣直隸州□楊汝楫撰，前清由增生本省□政研究所畢業後派陸軍混成旅書記官張兆瑞書。

維首：張正名、□文餘、鈕凝林、王備成、王禎、王丑方、□久修、□永和。

木工人：鈕瑞、翟木□。

泥水匠：張六成、王富春。

丹青：李逢玉、范廣畬。

玉工人：趙五堂、趙月魁、趙双云。

中華民國四年七月穀旦，合村立石。

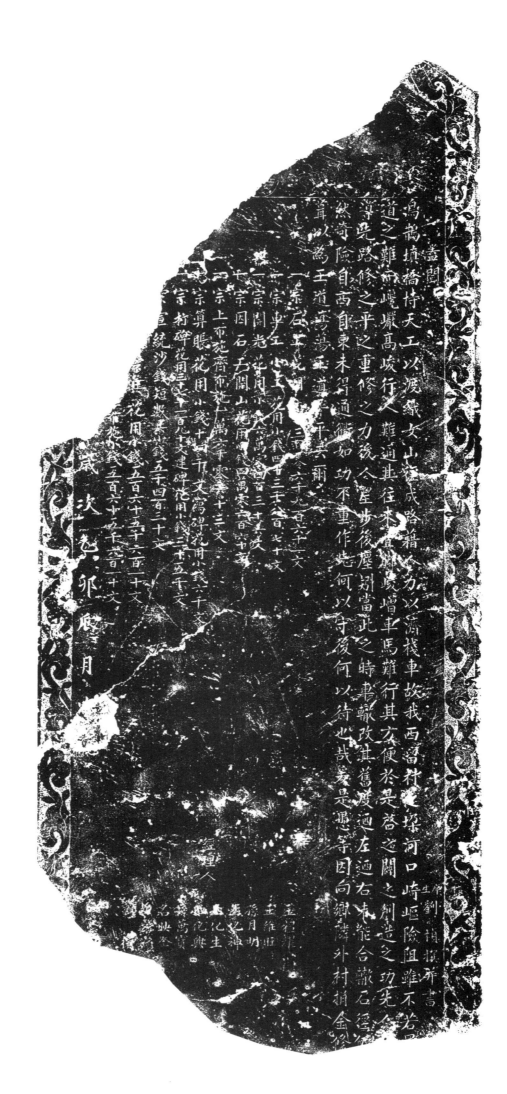

1001. 重修垛河口石橋碑記

立石年代：民國四年（1915 年）

原石尺寸：高 168 厘米，寬 76 厘米

石存地點：大同市渾源縣西留村鄉垛河口舊石橋南山坡下

蓋聞烏鵲填橋，恃天工以渡織女，山徑成路，藉人力以濟棧車。故我西留村之垛河口，崎嶇險阻，雖不若蜀道之難，而巉岩高峻，行之難通，其往來疊脚峻嶒，車馬難行其方便。於是啓之、闢之，創造之功，先人□導先路；修之、平之，重修之力，後人望步後塵。矧當此之時，車轍改其舊度，乃左乃右未能合轍，石徑仍然奇險，自西自東未得通衢。如功不重作，先何以守後？何以待也哉？爰是愚等因向鄉鄰、外村捐金修葺，以爲王道蕩蕩，王道平平云爾。

一宗，石工花用小錢三百零六千九百六十一文。

一宗，車工、小工花用小錢四吊三千八百七十文。

一宗，開光花用小錢六萬零四百三十六文。

一宗，因石工開山花用小錢四萬零六百六十文。

一宗，上布施、齊布施一萬六千零六十三文。

一宗，算賬花用小錢十四千文，寫碑花用小錢六千文。

一宗，打碑花用三十七千一百九十文，建碑花用小錢三十五千文。

一宗，宣統沙錢短數共小錢五千四百三十文。

一宗，……共花用小錢五百六十五千六百一十文。

一宗，……布施小錢五百六十五千六百一十文。

庠生劉楨撰并書。

經理人：王禮耀、王維旺、孫月明、王化神、王化生、王化興、孫萬寶、名映奎……

□□□□歲次乙卯瓜月吉日立。

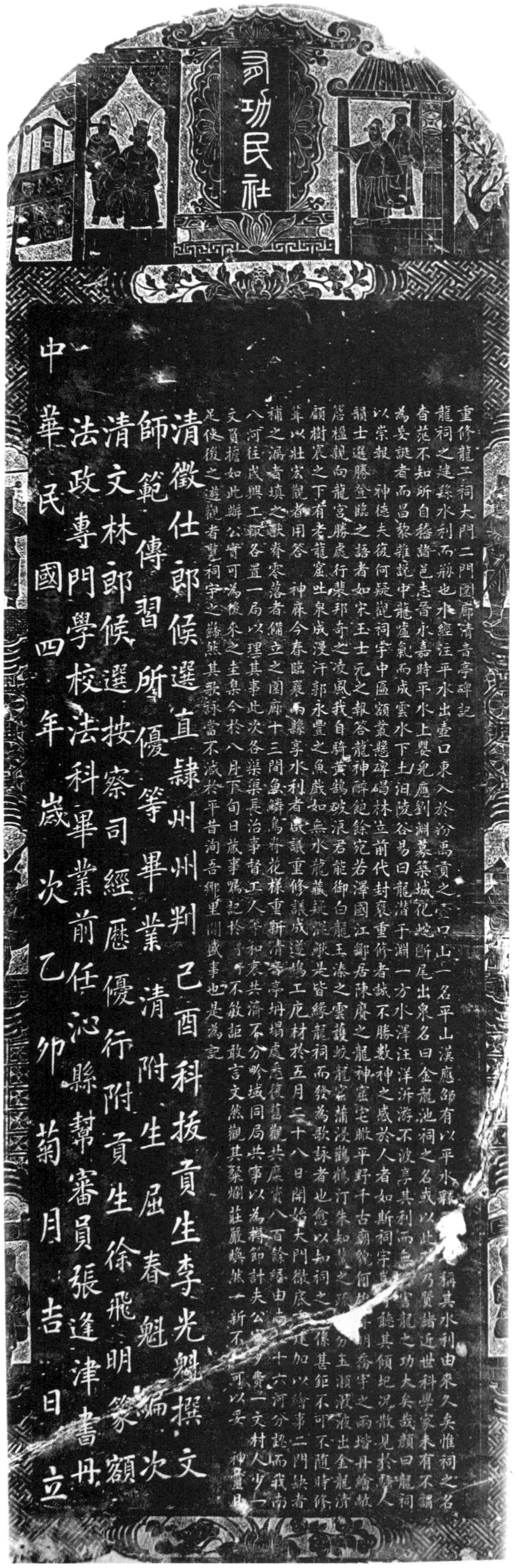
重修龍王祠大門二門圍廊清音亭碑記
清徵仕郎候選直隸州州判己酉科拔貢生李光魁撰文
師範傳習所優等畢業清附生屈春魁編次
清文林郎候選按察司經歷優行附貢生徐飛明篆額
法政專門學校法科畢業前任沁縣幫審員張逢津書丹
中華民國四年歲次乙卯菊月吉日立

1002. 重修龍子祠大門二門圍廊清音亭碑記

立石年代：民國四年（1915 年）

原石尺寸：高 230 厘米，寬 75 厘米

石存地點：臨汾市堯都區金殿鎮龍祠村龍子祠

〔碑額〕：有功民社

重修龍子祠大門二門圍廊清音亭碑記

龍祠之建，係水利而創也。《水經注》：平水出壺口，東入於汾。《禹貢》之壺口山，一名平山。漢應邵有以平水釋□□，稱其水利由來久矣。惟祠之名，杳茫不知所自。稽諸邑志，晋永嘉時平水上嬰兒應劉淵募築城，化蛇斷尾，出泉名曰金龍池，祠之名或以此□，乃質諸近世科學家，未有不謂爲妄誕者。而昌黎《雜說》中龍噓氣而成雲水，下土洎陵谷。《易》曰"龍潛于淵"，一方水澤汪洋，泝游不波，享其利而無□害，龍之功大矣哉！顏曰龍祠，以崇報神德，夫復何疑？觀祠宇中匾額叢懸，碑碣林立，前代封褒、重修者誠不勝數。神之感於人者，如斯祠宇，豈可聽其傾圮，況散見於騷人韻士選勝登臨之語者，如宋王士元之"報答龍神醉飽餘，宛若澤國江鄉居"；陳賡之"龍神窟宅瞰平野，千古廟貌何雄尊"；明喬宇之"雨皆丹繪敞檐楹，睹向龍宮勝處行"；裴邦奇之"凌風我自騎黃鵠，破浪君能御白龍"；王溱之"雲護蛟龍窟，蒲浸鸂鶒汀"；朱知□之"□□分玉瀬□，液出金龍清"；顧樹宸之"下有老龍窟，吐泉成漫汗"；郭永豐之"魚戲如無水，龍藏疑混鰍"。是皆緣龍祠而發爲歌咏者也，愈以知祠之□係甚巨，不可不隨時修葺，以壯宏觀者，用答神庥。今春，臨、襄兩縣享水利者成議重修。議成，遂鳩工庀材，於五月二十八日開始。大門徹底重建，加以繪事，二門缺者補之，漏者填之，獸脊零落者備立之，圍廊十三間魚鱗鳥脊花樣重新，清音亭坍塌處悉復舊觀。共糜資八百餘緡，由南北十六河分認。而我南八河往歲興工，輒各置一局以理其事。此次各渠渠長治事督工人等，和衷共濟，不分畛域，同局共事，以爲樽節計。夫公□□費一文，村人少一文負擔，如此辦公，實可爲後來之圭臬。今於八月下旬日蒇事，嘱記於予。予不敏，詎敢言文？然觀其燦爛莊嚴，煥然一新，不□可以妥神靈，且足使後之游觀者覽祠宇之巍然，其歌咏當不減於平昔，洵吾鄉里間盛事也。是爲記。

清徵仕郎候選直隷州州判己酉科拔貢生李光魁撰文，師範傳習所優等畢業清附生屈春魁編次，清文林郎候選按察司經歷優行附貢生徐飛明篆額，法政專門學校法科畢業前任沁縣幫審員張逢津書丹。

中華民國四年歲次乙卯菊月吉日立。

白世可知

1003. 上河訟後立案記

立石年代：民國四年（1915年）

原石尺寸：高242厘米，寬75厘米

石存地點：運城市新絳縣三泉鎮白村

〔碑額〕：百世可知

上河訟後立案記

事有不可知者，理終不可奪也。余村有水三晝二夜，此由來古矣。祇以州省二志、大元碑記，皆注白村并盧、李村番牌，注并盧家庄□□□同，橫生妄想。民國二年，盧家庄胆敢妄控，徐知事袒護□斷，連年經訟，大傷民財。此所謂事不可知者也。獨不思明□□□北關、磨□庄公立分水碑，在雍正番牌以前；清乾隆年孝陵庄碑，在雍正番牌以後。此二碑者，皆獨注白村使水叁晝貳夜，不惟并□□家庄，抑且并無盧、李村，則白村有水三晝二夜，人人皆曉，村村皆知。古規刻在人心也，非一日矣。況乎每年署册，李村名下有盧家庄庄頭姓名，白村名下何以無盧家庄庄頭姓名？而且八庄輪流接神，盧家庄在李村二十四年之內接神一次，何以不在余白村四十年之內接神一次也哉？宜乎郭知事大人下輿博訪，秉公懸明，判照舊規，白村仍舊使水叁晝貳夜，盧家庄仍舊在李村番使水壹夜。一定堂判，兩造甘服。至此，盧家庄自悔理曲，敬乞古堆薛順林、馮古庄毛鴻儒同伊庄老者柴松承、柴發元、柴時來親來余村，服理認非，永息爭端。此所謂理不可奪者也。總之，水利一節，古規難裂。曩者，他庄爭水，纏訟不止一次，結局總照古規。後之臨此土者，如遇爭水興訟，慎勿自恃能幹之才，強裂古規，則水利不致變爲水害，此立碑者所厚望也。因將郭知事堂判節録碑陰。

前清敕授徵德郎吏部候選州判己酉恩貢孟起周恒興撰文，儒學生員茂齋周恒豫書丹。

省垣代表：生員陳宗儒、生員周文卿、生員李鴻儀。河東代表：生員陳邦彥、□安順、張立本。

（以下本縣代表、莊頭名單，略而不録）

中華民國四年陽月穀旦，白村合庄公立。

1004. 闔村公立禁松山群羊泊池碑記

立石年代：民國四年（1915年）

原石尺寸：高35厘米，寬61厘米

石存地點：晋城市澤州縣大陽鎮

闔村公立禁松山群羊泊池碑記

吾村東南舊有山神廟一所，松林蒼翠，四面環繞，號松山焉。奈前輩創始無碑可考，每因伐砍樹株滋生訟端，致社與花户攪擾不清，後竟以争訟之故，散社二十餘年。歲届乙卯冬間，闔村父老偶談及此，居然人心合一，情願重振社規，將松山永遠施歸大社，與各花户無涉。山之周圍栽立界石，凡在界限以内，無論樹之大小，嗣後只准合社公用，各花户不得私行伐砍，以及放火燒山、開山揭荒、牧放六畜、一切有碍松山等情。所有西嶺泊池，原係一村吃水之地，無論村中群羊零羊，一律掃清，以作禁地，不許各牛羊等到池飲水，亦不許方圓三十步以内開山掘礦。以上禁山、禁羊、禁池三事，均属合社公同議定，毫無移易。禁後倘有違犯，加等議罰。伏願我村各自遵守，則保公益於無窮矣。是爲記。

村畢業生張毓文撰并書。

施主□名列後：晁懷路，施到松山一塊；晁翼鶴，施到松山一塊；晁貽恩，施到松山一□；晁□鴻，施到松山一塊；□□□，施到松山一□；□□鵬，施到松山一□。

……其□每年□交粮銀四分。

玉工陳錦□刊。

中華民國四年拾月吉日闔社立。